人工智能前沿理论与技术应用丛书

# 基于信息增强的
# 图神经网络学习方法研究

王 杰 ◎ 著

电子工业出版社
Publishing House of Electronics Industry
北京·BEIJING

## 内容简介

本书深入剖析了图神经网络领域所面临的两大核心挑战：深度加深模型退化和监督信息过度依赖。针对这两大挑战，本书提出了一系列解决思路，涵盖模型结构设计、训练策略优化等方面的内容。全书共 7 章，第 1 章主要介绍了图神经网络研究的背景与意义，阐述了近年来国内外网络表示学习与图神经网络的研究现状，分析了图神经网络当前面临的挑战及其主要问题等；第 2 章主要对图神经网络进行概要论述，包括基础的理论、典型的模型方法及应用；第 3 章针对图神经网络在节点聚合过程中面临的节点邻域混杂的问题，提出了一种基于混合阶的图神经网络模型；第 4 章针对图神经网络在节点交互过程中面临的全局结构信息缺失问题，提出了一种基于拓扑结构自适应的图神经网络模型；第 5 章针对自监督信息缺失且包含噪声的问题，提出了一种图结构与节点属性联合学习的变分图自编码器模型；第 6 章针对节点自监督信息贡献不做区分的问题，提出了一种基于注意力机制的图对比学习模型；第 7 章总结全书并对图神经网络可能的研究方向进行展望。

本书可供从事人工智能、数据挖掘、机器学习及网络数据分析等相关领域的科研及工程人员参考，也可作为高等院校计算机、人工智能等专业本科生与研究生的学习参考书。

未经许可，不得以任何方式复制或抄袭本书之部分或全部内容。
版权所有，侵权必究。

图书在版编目（CIP）数据

基于信息增强的图神经网络学习方法研究 / 王杰著.
北京：电子工业出版社, 2025.2. -- （人工智能前沿理论与技术应用丛书）. -- ISBN 978-7-121-49352-2
I. TP183
中国国家版本馆 CIP 数据核字第 2024J92W87 号

责任编辑：徐蔷薇
印　　刷：北京盛通印刷股份有限公司
装　　订：北京盛通印刷股份有限公司
出版发行：电子工业出版社
　　　　　北京市海淀区万寿路 173 信箱　邮编：100036
开　　本：720×1000　1/16　印张：8.5　字数：182 千字　彩插：2
版　　次：2025 年 2 月第 1 版
印　　次：2025 年 2 月第 1 次印刷
定　　价：68.00 元

凡所购买电子工业出版社图书有缺损问题，请向购买书店调换。若书店售缺，请与本社发行部联系，联系及邮购电话：（010）88254888，88258888。
质量投诉请发邮件至 zlts@phei.com.cn，盗版侵权举报请发邮件至 dbqq@phei.com.cn。
本书咨询联系方式：xuqw@phei.com.cn。

# 前　言

　　随着互联网技术与大数据的蓬勃发展，现实世界的数据不仅规模增长极快，而且数据间往往具有复杂的联系。网络 (图) 是表达这种复杂联系的重要数据载体，有效地感知、挖掘、分析、利用这些网络数据，对相关产业的发展起到了巨大的推动和促进作用。近年来，图神经网络作为一种新型的网络数据分析挖掘工具，虽然在理论、方法和应用方面已经取得了一系列重要进展，但其仍然面临着深度加深模型退化和监督信息过度依赖的挑战。面对深度加深模型退化挑战下的"节点邻域混杂"和"全局结构信息缺失"问题、监督信息过度依赖挑战下的"自监督信息缺失且包含噪声"和"节点自监督信息贡献不做区分"问题，本书从深入挖掘图数据中蕴含的丰富且重要的信息入手，利用信息增强的手段创新性地开展了图神经网络学习方法的研究，具体内容如下：

　　(1) 针对图神经网络在节点聚合过程中面临的节点邻域混杂的问题，提出了一种基于混合阶的图神经网络模型。在该模型中，为了反映节点的不同近邻关系，首先构建了不同阶的邻接矩阵。通过在每个特定阶邻接矩阵上构造浅层的图神经网络来获得基于各种近邻关系的节点表示，从而缓解堆叠多个消息传递层导致的模型退化和浅层图神经网络表达受限的问题；其次设计了一个结合未标记节点伪标记的负相关学习集成模块，以融合在不同阶邻接矩阵上学到的表示。实验结果表明，通过增强不同阶近邻信息和伪标记信息，所提出的基于混合阶的图神经网络模型精细地刻画了不同阶近邻的表示，进而提升了模型的预测精度。

　　(2) 针对图神经网络在节点交互过程中面临的全局结构信息缺失的问题，提出了一种基于拓扑结构自适应的图神经网络模型。该模型的核心是通过去除一定数量的类间边以减轻不同类节点的交互，从而达到缓解模型退化的目的。在该模型中，首先根据图拓扑的全局结构定义了网络中边的强度 (该边强度在很大程度上反映了类间和类内边的分布)；其次根据该边强度，从原始图中移除一定比例强度较高的边以获得一个新的图结构，进而进行图神经网络的训练。实验结果表明，通过增强全局结构信息，该模型在不同类型网络数据的节点分类任务上均优于已有的图神经网络学习方法。

　　(3) 针对自监督信息缺失且包含噪声的问题，提出了一种图结构与节点属性联合学习的变分图自编码器模型。在该模型中，首先基于变分自编码器框架，在解码阶段重构了图结构信息和节点属性信息，以便充分地利用这两种互补的图自监督信息；其次基于图信号处理，设计了新的图编码器和解码器，从而缓解传统方法固有的噪声问题。实验结果表明，通过增强图结构和节点属性自监督信息，该模型在节点聚类、链接预测和可视化的实验中均获得了更优的性能。

(4) 针对节点自监督信息贡献不做区分的问题，提出了一种基于注意力机制图对比学习模型。该模型使用注意力机制自适应地为图对比项中的每个节点分配不同的权重。模型通过最小化训练损失获取模型参数、通过最小化元数据损失优化节点加权函数的参数，两个优化过程交替迭代进行，从而获得更具代表性的节点表示。实验结果表明，通过增强节点自监督信息的区分性，该模型的分类精度较节点等权重的图对比模型有了显著的提升，同时与其他代表性的图对比学习方法相比能够获得更优的结果。

总之，本书针对图神经网络面临的深度加深模型退化与监督信息过度依赖的挑战，利用信息增强的手段，结合负相关学习、复杂网络的中心性度量、变分自编码器、注意力机制、双层优化等技术，提出了一系列图神经网络学习方法，为图数据的分析挖掘提供了一些重要的研究成果，丰富和发展了图神经网络学习与方法体系，在以网络数据为载体的多种场景中具有广泛的应用前景。

由于著者水平有限，书中不足之处在所难免，恳请广大读者评判指正。

# 目　录

第 1 章　绪论 ················································································· 1
  1.1　图神经网络研究的背景及意义 ·············································· 1
  1.2　网络表示学习与图神经网络国内外研究现状 ···························· 3
      1.2.1　基于矩阵特征向量的方法 ············································· 4
      1.2.2　基于随机游走的方法 ···················································· 5
      1.2.3　基于矩阵分解的方法 ···················································· 6
      1.2.4　基于图神经网络的方法 ················································ 7
  1.3　图神经网络面临的主要问题 ················································· 15
  1.4　研究内容和组织结构 ··························································· 16
  1.5　本章小结 ··········································································· 18

第 2 章　图神经网络 ···································································· 19
  2.1　神经网络基础 ···································································· 19
      2.1.1　神经元模型与感知机 ··················································· 20
      2.1.2　前馈神经网络 ····························································· 21
      2.1.3　卷积神经网络 ····························································· 22
      2.1.4　循环神经网络 ····························································· 24
      2.1.5　自编码器 ···································································· 25
  2.2　图数据 ············································································· 26
      2.2.1　生活生产中的图数据 ··················································· 26
      2.2.2　图数据的分类 ····························································· 29
      2.2.3　图任务 ······································································· 30
  2.3　图神经网络方法 ································································· 33
      2.3.1　图卷积神经网络 ························································· 33
      2.3.2　图注意力网络 ····························································· 34
      2.3.3　图自编码器 ································································ 34
  2.4　图神经网络的应用 ····························································· 35
      2.4.1　在计算机视觉领域的应用 ············································ 35
      2.4.2　在自然语言处理领域的应用 ········································· 36

2.4.3　在生物化学领域的应用 ···································· 36
　　　2.4.4　在物理学领域的应用 ······································ 37
　2.5　本章小结 ························································· 37
第 3 章　基于混合阶的图神经网络模型 ································· 39
　3.1　引言 ···························································· 39
　3.2　基于混合阶的图神经网络模型介绍 ···························· 41
　　　3.2.1　符号及其含义 ············································· 41
　　　3.2.2　总体框架 ·················································· 42
　　　3.2.3　基于图卷积神经网络学习器模块 ······················· 42
　　　3.2.4　集成模块 ·················································· 44
　3.3　实验分析 ························································· 45
　　　3.3.1　实验设置 ·················································· 46
　　　3.3.2　实验结果 ·················································· 47
　3.4　本章小结 ························································· 52
第 4 章　基于拓扑结构自适应的图神经网络模型 ······················ 53
　4.1　引言 ···························································· 53
　4.2　基于拓扑结构自适应的图神经网络模型介绍 ·················· 55
　　　4.2.1　符号及其含义 ············································· 55
　　　4.2.2　总体框架 ·················································· 56
　　　4.2.3　边强度计算模块 ·········································· 57
　　　4.2.4　有指导去边模块 ·········································· 59
　　　4.2.5　图神经网络学习器模块 ·································· 62
　　　4.2.6　时间复杂度分析 ·········································· 62
　　　4.2.7　理论分析 ·················································· 63
　4.3　实验分析 ························································· 64
　　　4.3.1　实验设置 ·················································· 65
　　　4.3.2　实验结果 ·················································· 67
　4.4　本章小结 ························································· 73
第 5 章　图结构与节点属性联合学习的变分图自编码器模型 ········ 74
　5.1　引言 ···························································· 74
　5.2　预备知识 ························································· 76
　　　5.2.1　符号及其含义 ············································· 76
　　　5.2.2　图卷积神经网络 ·········································· 76
　　　5.2.3　图信号处理 ················································ 77
　5.3　图结构与节点属性联合学习的变分图自编码器模型介绍 ······ 78

5.3.1　总体框架 ································································· 78
　　5.3.2　编码器 ···································································· 79
　　5.3.3　解码器 ···································································· 80
　　5.3.4　优化过程 ································································· 82
5.4　实验分析 ············································································ 83
　　5.4.1　实验设置 ································································· 83
　　5.4.2　实验结果 ································································· 84
5.5　本章小结 ············································································ 93

# 第 6 章　基于注意力机制的图对比学习模型 ··········································· 94
6.1　引言 ················································································· 94
6.2　预备知识 ············································································ 97
　　6.2.1　符号及其含义 ···························································· 97
　　6.2.2　图对比学习 ······························································· 97
6.3　基于注意力机制的图对比学习模型介绍 ········································· 98
　　6.3.1　图增广模块 ······························································· 98
　　6.3.2　节点嵌入模块 ···························································· 99
　　6.3.3　半监督图对比学习模块 ················································· 99
　　6.3.4　优化处理模块 ···························································· 101
　　6.3.5　复杂度分析 ······························································· 102
　　6.3.6　收敛性分析 ······························································· 103
6.4　实验分析 ············································································ 104
　　6.4.1　实验设置 ································································· 105
　　6.4.2　实验结果 ································································· 106
6.5　本章小结 ············································································ 108

# 第 7 章　总结与展望 ············································································ 110
# 参考文献 ···························································································· 112
# 后记 ·································································································· 127

# 第 1 章 绪 论

## 1.1 图神经网络研究的背景及意义

从微观世界粒子间的相互作用到宏观世界人与人之间的社交，从自然生态系统中的食物网到人造互联网中的链接，事物间的关联可谓无处不在。

中国科学院计算技术研究所李国杰院士认为，隐藏在大数据之中的秘密主要是数据之间的网络。网络 (图) 数据可以自然地表达对象间的复杂联系，是表达对象间复杂联系的常用形式，广泛应用于自然科学、社会科学及工业等领域。举例来说，在社交媒体平台上，人与人之间相互的关注、互相的联系，构成了典型的社交网络；Web 页面间数以百亿计的超链关系构成了网页链接网络；以概念为节点、以概念间的关联为边构成了知识图谱；不同蛋白质的交互作用构成了蛋白质交互网络。由此可见，网络 (图) 是日常生产生活中最为常见的一种信息载体，也是建模事物间关联的有效工具。

对网络数据进行挖掘，并从中发现有价值的信息是一个值得研究的问题。首先，网络数据分析挖掘在服务经济和社会发展中具有基础性作用，有效地感知、分析、挖掘、利用这些网络数据，为相关产业的发展提供了巨大的助推力。例如，在互联网信息服务领域，随着网络媒体技术越来越普及，大量的网络数据于该领域中产生，有效地挖掘、分析、理解这些公众社会生活的网络数据，为相关政府部门发现并处理民生问题提供了重要的决策依据。其次，网络数据的分析、挖掘是网络科学的重要内容之一，在大数据革命的推动下，网络数据的分析挖掘 (如面向网络数据的划分、节点分类、链接预测、推荐系统等分析挖掘任务) 已成为网络科学、数据科学等多学科交叉领域的共性热点研究课题。综上所述，网络数据分析挖掘技术作为大数据时代网络科学发展的重要内容，对许多领域都具有重要的共性支撑作用，对其进行研究具有重大科学意义。

众所周知，深度学习[1] (Deep Learning) 是当今人工智能研究中最主要的方法之一。传统的深度学习技术在大小和形状固定的欧几里得数据 (如图像) 或序列数据 (如文本) 上取得了巨大的成功，但由于图数据不规则的特性，传统的深度学习模型 (深度卷积神经网络) 没有办法直接应用在图数据上。面对这样的困境，人们迫切需要一种更加有效的网络数据分析挖掘技术，图神经网络 (Graph Neural Network, GNN) 应运而生。近年来，图神经网络作为新型的网络数据分析挖掘工具迅速崛起，其理论与方法的研究现正处于爆发期，受到广泛关注。

图神经网络在网络数据的表示方面具有重要的科学研究意义。网络分析挖掘任务效果能否发挥其有效性，主要取决于网络的表示[2,3]。传统意义上的图特征工程方法严重依赖专家的手工设计，需要耗费大量的人力、物力，在一种类型网络上的手工设计方式很难迁移到其他类型的网络上。此外，使用邻接矩阵形式的网络表示面临维度过高和数据稀疏两大问题，对于存储和计算都具有非常大的挑战。相对而言，表示学习 (Representation Learning) 可以自动地学习图上的特征，该学习过程耗费的人力、物力较少，且可以灵活应用于各种下游任务。因此，研究者开始探索面向网络的表示学习 (Network Representation Learning) 方法。由于图神经网络学习方法能够综合建模图拓扑结构和节点特征，从中学习到低维、稠密的高质量节点表示，从而能够解决传统网络表示面临的维度过高和数据稀疏等问题。同时，获得的节点表示可以很好地反映节点的语义信息，使其在后续的任务中获得更好的性能。因此，图神经网络为网络表示学习提供了一种新的研究视角，具有非常重大的意义。

图神经网络在多源异构网络数据分析方面具有重要的研究意义。大规模复杂网络中通常包含大量的不同类型的节点和边，通过设计合适的图神经网络模型，可以将这些不同类型的节点或边映射到统一的特征空间中，进而实现有效的网络数据分析挖掘任务[3,4]。例如，在现实生活中，随着社交网络的不断发展，人们常常加入多个社交网络，以享受丰富多样的服务。人们可以在微信、QQ 平台上聊天，在微博上共享资讯，在抖音上分享视频，在领英上求职，在知乎、Quora 上交流学习心得。图神经网络可以将上述多个社交网络的用户映射到统一的空间进行融合，从而丰富用户或群体的画像，进而挖掘用户或群体的偏好，针对性地开展个性化推荐等商业活动。

图神经网络的研究在多学科交叉促进网络数据分析方面具有重要的科学意义。图神经网络是一个典型的多学科交叉研究问题，其发展与交叉领域、交叉学科的研究密不可分。图神经网络的研究以数学中的图论为理论基础，将计算机科学中的机器学习、分布式系统、信息可视化，统计学中的推断建模，物理学中的统计物理学等学科交叉融合，从而得到发展。一方面，图神经网络的发展得益于这些相关学科的理论与方法的研究进展，通过对网络数据的结构和属性进行深度分析，以完成各种复杂的网络数据建模任务。另一方面，图神经网络是推动众多学科交叉发展的着力点，可以极大地促进相关方向的革新与发展。

作为网络数据分析与挖掘中的一个基础研究问题，图神经网络的研究不仅具有重要的科学理论研究意义，而且在许多领域具有重要的使用价值。例如，在推荐系统[5,6]中，图神经网络能够更好地建模用户和产品的属性信息及二者的交互信息，进而学到精准的用户偏好特征，以提升推荐效果；在链接预测[7]中，图神经网络为融入节点和边的属性信息提供了方法, 提高了预测质量并可以完成冷启动预测任务; 在机器阅读理解领域[8], 领域知识图谱与图神经网络模型有效结合, 提高了机器阅读理解系统的推理能力与可解释性; 在生物化学领域[9-12], 图神经网络可以精细地刻画分子结构, 模拟复杂的基因表达模式, 有助于该领域发现新药和对药物进行分类; 在图像描述任务 (Image Caption) 中[13], 图神经网络可以对检测出的语义目标进行深度挖掘, 并用于后续的语言表达。此外, 图神经网络也在不断地应用到组合优化[14,15]、程序分析[16] 和城市智能[17] 等新的领域中。

综上所述, 图神经网络作为网络数据分析挖掘中的一个基础研究问题, 具有十分重要的学术研究价值与实际应用意义。虽然图神经网络在与图相关的学习任务方面取得了丰硕的成果, 但仍面临着深度加深模型退化与监督信息过度依赖两个重要的挑战。整体而言, 对图神经网络的研究还处于探索阶段, 已有的研究也仅仅是在相关问题上使用了一部分最基本的策略, 并没有充分挖掘图数据中蕴含的各种信息, 如高阶近邻信息、全局结构信息、节点伪标记信息、节点权重信息等。综合研究这些信息, 可以更立体地挖掘网络数据知识, 进而更全面地分析问题。本书围绕图神经网络面临的深度加深模型退化和监督信息过度依赖两个挑战, 利用信息增强的方法设计了一系列新的图神经网络模型, 从而进一步发展和丰富了图神经网络的建模和方法体系。

## 1.2 网络表示学习与图神经网络国内外研究现状

网络表示学习是连接原始网络数据与其下游任务的桥梁, 研究如何获取网络数据的高效表示是进行各类复杂建模任务 (分类、聚类、链接预测、推荐等) 的关键环节。图神经网络作为一类新兴的网络表示学习工具, 因其重要的科学研究意义与实用价值, 近几年迅速崛起, 备受关注[6,18,19]。2019 年, GraphSAGE[20] 的作者 Hamilton 教授和加拿大蒙特利尔算法研究所 (MILA) 唐建助理教授在人工智能领域顶会 AAAI 上共同举办了网络表示学习相关专题讲习班, 重点介绍了图神经网络的相关工作; 同年, 由中国图象图形学学会主办的第 13 期 CSIG 图像图形学科前沿讲习班, 邀请了国内知名专家围绕 "图神经网络及网络表示学习" 主题做了相关报告。2020 年 3 月, 中国中文信息学会社会媒体处理专委会和北京智源人工智能研究院联合主办了 "图神经网络在线研讨会"; 国际机器学习大会 (ICML 2019、ICML 2020)、神经信息处理系统大会 (NeurIPS 2020)、数据挖掘与知识发现大会 (KDD 2019、KDD 2020)、国际人工智能大会 (AAAI 2020、AAAI 2021) 上也陆续举办了图神经网络和网络表示学习相关专题研讨会; 2021 年, 神经网络学习系统期刊 *TNNLS* 举办了关于 "深度图神经网络: 理论、模型、算法和应用" 的专刊; 同年, 密歇根州立大学汤继良团队出版了《图深度学习》专著[21],

详细介绍了图神经网络的相关内容。由此可见，图神经网络和网络表示学习技术正处于井喷式发展的阶段。在此背景下，本节对与图神经网络密切相关的各类网络表示学习技术进行详细的梳理和总结。根据所采用的技术不同，将网络表示学习技术分为基于矩阵特征向量的方法、基于随机游走的方法、基于矩阵分解的方法和基于图神经网络的方法。本节重点介绍基于图神经网络的方法。

### 1.2.1 基于矩阵特征向量的方法

基于矩阵特征向量的方法是一类直接从矩阵特征值和特征向量的角度进行网络表示学习的方法。这类方法计算了关联矩阵的前 $k$ 个特征向量或者奇异向量，从而得到了 $k$ 维的表示。基于矩阵特征向量的方法也可以认为是一种降维方法，这类方法通常依赖关联矩阵的建立，关联矩阵包括邻接矩阵、拉普拉斯矩阵、相似度矩阵、转移概率矩阵、文档—词矩阵等。

具体来说，基于矩阵特征向量的图表示学习可以分为以下几个步骤：① 构建关联矩阵。根据图的结构构建一个矩阵，如邻接矩阵或拉普拉斯矩阵。这些矩阵可以描述图中节点之间的连接关系和图的结构信息。② 计算关联矩阵的特征向量。特征向量是矩阵的一个重要属性，它们包含了矩阵的主要特征和信息。通常，可以选择前 $k$ 个最大特征值对应的特征向量作为节点的表示向量，其中 $k$ 是一个超参数，可以根据任务需求和数据特点进行调整。③ 节点嵌入。通过计算得到的特征向量，可以得到图中每个节点的向量表示。这些向量捕捉了图的全局结构信息和节点的相对位置，可以作为节点的嵌入表示，用于后续的图学习任务。

2000 年之前，基于矩阵特征向量的方法主要分为主成分分析 (Principle Component Analysis，PCA)[22] 和多维尺度分析 (Multi-Dimensional Scaling Analysis，MDS)[23]。两种方法均通过学习线性投影的方式，将高维的特征映射到低维的子空间中。不同点在于，PCA 致力于尽可能保留方差大的数据，而 MDS 则期望尽量保持原始数据中任意两点的欧氏距离信息。2000 年前后出现了 LLE[24]、ISOMap[25]、LE[26] 和 SPE[27] 等图降维方法。这些方法通过重构或保留近邻节点、用测地距离代替原始特征空间的欧氏距离等策略构建低维节点表示。其中，局部线性嵌入[24](Locally Linear Embedding，LLE) 算法做出了网络中的节点在局部范围中为线性的假设，每一个节点可由邻域的几个节点线性组合表示，从而保证了降维后仍然保持着原来的局部特征；等距特征映射[25](ISOmetric Feature Mapping，ISOMap) 从距离计算的角度出发，通过使用测地距离，代替了传统的欧氏距离，确保网络中节点的距离在降维前后保持一致；拉普拉斯特征映射[26](Laplacian Eigenmaps，LE) 通过对网络对应的拉普拉斯矩阵进行特征值求解，从中选择最小的 $t$ 个非零特征值对应的特征向量作为降维后的节点表示。上述几个图降维方法均保留了网络的局部信息。为了保留图全局拓扑结构，Shaw 等人[27] 提出了结

构保留嵌入 (Structure Preserving Embedding，SPE) 方法。该方法提出了一种结构保留约束，将这种约束应用到降维过程中，仅用几个维度就可以对网络数据进行高质量的表示。

基于矩阵特征向量的方法具有以下优点：① 全局信息捕捉。通过使用图的矩阵表示和特征向量，可以捕捉到图的全局结构信息和节点的相对位置，为节点提供更丰富的表示。② 理论保证。基于矩阵特征向量的方法具有坚实的数学基础和理论保证，可以从理论上证明其有效性和优越性。③ 可扩展性。可以扩展到大规模的图数据，通过使用高效的特征向量计算方法和分布式计算来加速学习过程。然而，基于矩阵特征向量的方法也存在一些挑战和限制，如计算复杂度较高、难以处理动态变化的图数据等。

总的来说，基于矩阵特征向量的方法虽然思路直观，但面临着以下问题：一方面，这类方法的性能与所构建的关联矩阵密切相关，不同的关联矩阵学到的网络表示差异很大；另一方面，基于矩阵特征向量的方法通常需要计算关联矩阵特征值，然而这一过程往往伴随着较高的时间复杂度，因此当网络规模较大时，方法的效率会受到很大的影响。

### 1.2.2　基于随机游走的方法

随着词向量方法 Word2Vec[28] 在自然语言处理领域的广泛应用，研究者通过借鉴该方法中的上下文采样、Skip-Gram 等技术发展了基于随机游走的网络表示学习方法。该方法通过将网络中的结构信息 (如近邻信息或高阶近邻信息等) 作为网络节点的上下文信息，以随机游走[29] 的方式学习可以捕捉到上下文信息的低维的且连续的节点特征表示。

一般来说，基于随机游走的方法可以分为以下几个步骤：① 随机游走生成。从图中的某个节点开始，按照某种策略 (如深度优先或广度优先) 进行随机游走，生成一定长度的节点序列。这个过程可以重复多次，以得到更多的节点序列。② 序列表示学习。对于生成的每个节点序列，可以使用一些表示学习方法 (如 Word2Vec 或 Skip-Gram 模型) 来学习节点的向量表示。这些方法通常将节点序列视为句子，将节点视为单词，通过最大化节点之间的共现概率来学习节点的向量表示。③ 聚合节点表示。由于每个节点可能出现在多个节点序列中，因此需要将这些序列中学习到的节点表示进行聚合，得到最终的节点表示向量。常用的聚合方法包括平均、求和、最大池化等。

最早在网络中模拟 Word2Vec 的过程来学习节点向量表示的方法是 DeepWalk[30]，该方法首先通过随机游走策略采样节点对模拟节点的共现关系，然后使用 Skip-Gram 方法学习节点表达向量。DeepWalk 方法的优势在于随机游走序列仅仅利用图的局部结构信息，因此该方法可以采用并行算法高效运行；原始的

DeepWalk 模型仅仅适用于未加权的图，为此，Tang 等人提出了一种适用于多种类型图 (如有向图、加权图等) 的图表示学习模型 LINE[31](Large-Scale Information Network Embedding)。该方法不仅定义了一阶相似度，即节点间边的权重，而且定义了二阶相似度，即节点间共享相似的邻居节点的数量，将学习得到的基于两种相似度的向量进行拼接以得到最终的表示。针对 DeepWalk 随机游走策略无法得到有代表节点的缺陷，Node2Vec[32] 方法提供了一套灵活可控的遍历机制，通过参数控制模型的广度优先遍历 (Breadth-First Search, BFS) 与深度优先遍历 (Depth-First Search, DFS)，分别获取网络的全局结构信息和局部结构信息，从而获得网络高质量的表示。除了上述方法，还有一些随机游走的方法在保留节点的结构角色[33]、社区结构[34] 及节点状态[35,36] 等方面开展了大量的工作。

基于随机游走的方法具有以下优点：① 灵活性。可以灵活地选择随机游走的策略和长度，以及序列表示学习的方法和参数，以适应不同的图数据和任务需求。② 可扩展性。可以扩展到大规模的图数据，通过并行化或分布式计算来加速随机游走和序列表示学习的过程。③ 解释性。通过学习到的节点向量表示，可以揭示出图结构数据中的潜在模式和关系，为后续的任务提供有用的信息。然而，基于随机游走的方法也存在一些挑战和限制，如难以处理有向图、带权图等复杂图结构数据，以及难以捕捉到图的全局结构和语义信息等。

总的来说，基于随机游走的方法采用不同的策略来捕获网络结构信息。这类方法通过随机梯度下降算法对模型中的参数进行优化，不需要特征值分解，因此与基于矩阵特征向量的方法相比效率较高。

### 1.2.3 基于矩阵分解的方法

基于矩阵分解的方法也是一类重要的网络表示学习算法。这种方法主要利用矩阵分解技术，从图的邻接矩阵或拉普拉斯矩阵中提取节点的低维向量表示。

一般来说，基于矩阵分解的方法可以分为以下几个步骤：① 构建图矩阵。根据图的结构构建一个矩阵，如邻接矩阵或拉普拉斯矩阵。邻接矩阵描述了图中节点之间的连接关系，而拉普拉斯矩阵则包含了图的更多结构信息。② 矩阵分解。使用矩阵分解技术对构建的图矩阵进行分解，得到一个低维的节点表示矩阵。常用的矩阵分解方法包括特征值分解、奇异值分解 (SVD) 和非负矩阵分解 (NMF) 等。③ 学习节点表示。通过矩阵分解得到的低维节点表示矩阵，可以直接作为图中节点的向量表示。这些向量捕捉了图的局部结构信息和全局结构信息，可以用于后续的图学习任务。

基于矩阵分解的网络表示学习的代表性方法有 GraRep[37] 和 HOPE[38]。其中，GraRep[37] 首先基于一阶概率转移矩阵获得网络的 $K$ 阶概率转移矩阵，通过对各个关联矩阵进行矩阵分解，从而得到不同邻近度关系的节点表示；然后将 $K$

个表示相结合获得节点的高阶特征表示。针对有向图的非对称传递性，Ou 等人提出 HOPE (High-Order Proximity Preserved Embedding)[38] 方法，该方法在矩阵分解学习表示的过程中为每个节点生成两个嵌入表示 (一个是 source，另一个是 target)，从而保持了图的非对称传递性。值得注意的是，Qiu 等人[39] 指出了几个经典的随机游走学习模型 (DeepWalk、LINE、PTE 及 Node2Vec) 都等价于对某种特殊的关联矩阵进行矩阵分解，并在矩阵分解框架下做出了统一的解释。

基于矩阵分解的方法具有以下优点：① 简洁性。方法相对简单，容易实现，计算复杂度较低。② 全局信息捕捉。通过矩阵分解，可以有效地捕捉到图的全局结构信息，为节点提供更丰富的表示。③ 可扩展性。可以扩展到大规模的图数据，通过使用分布式计算或降维技术来加速矩阵分解的过程。然而，基于矩阵分解的方法也存在一些挑战和限制，如难以处理高度非线性的图结构、难以捕捉节点的局部细节信息等。

总的来说，基于矩阵分解的方法与基于矩阵特征向量的方法面临着相同的问题，即关联矩阵的计算效率较低、存储效率也不太理想，很难适用于网络中超大规模的数据。

上述几种网络表示学习方法均可以归为传统的网络嵌入，其得到的是一种"浅层表示"。网络中各个节点分别学习一个单独的嵌入，不同节点间不进行参数共享，当面向大规模复杂网络时势必造成表示学习能力的受限。2020 年，《美国国家科学院院刊》的一项研究[40] 表明：某些情况下基于矩阵奇异值分解的传统网络嵌入方法不能很好地在复杂网络中捕获局部结构，对稀疏且具有高三角形密度 (高聚类系数) 的现实世界网络很难获得有效的嵌入表示。可见，上述传统的网络嵌入方法并不能很好地适配复杂的网络数据分析挖掘场景。

### 1.2.4 基于图神经网络的方法

图神经网络 (GNN) 将传统深度学习技术泛化到网络数据上，是一种以图结构为出发点设计的神经网络。此类方法通过对节点之间的依赖关系进行建模，以更好地处理图结构数据。近年来，图神经网络作为一种新型的网络表示学习工具迅速崛起，其理论与方法的研究现正处于爆发期[6, 19, 41-44]。根据所处域的不同，图神经网络可以分为谱域方法和空域方法。其中，谱域方法基于卷积定理及谱图理论来定义图卷积；而空域方法则从节点域出发，通过定义不同的消息传递函数实现中心节点和其邻近节点的信息聚合及更新。

谱域图神经网络主要从图信号处理的角度来建模。2014 年，Bruna 等人[45] 首次定义了谱图卷积，提出了一类基于谱方法的图神经网络模型。通过对图拉普拉斯矩阵进行特征值分解，定义了傅里叶域中的图卷积运算，并将时域中的卷积通过一系列操作转换成傅里叶域内的乘积操作。在此基础上，Defferrard 等人[46] 提出了 ChebyNet 模型，其利用 $K$ 阶切比雪夫多项式近似卷积核，该操作在避免进行拉普拉斯矩阵的特征分解的同时，大大减少了参数量。2017 年，Kipf 等人[47] 对 ChebyNet 进行一阶局部近似并提出了一种简化的图卷积神经网络 (Graph Convolutional Network, GCN)。在此之后，有关谱域图神经网络的研究大多围绕如何构造图上的正交基 (如 Haar 基[48]、小波基[49]) 和如何实现快速正交变换等问题来设计不同的谱图卷积。

空域图神经网络旨在从节点域出发，通过定义聚合函数以实现中心节点与其邻近节点的信息聚合及更新。Gilmer 等人[50] 提出了消息传递神经网络的框架 (Message Passing Neural Networks, MPNN)，该框架的目标是通过在上一次迭代中聚合节点邻居的表示和自身的表示迭代更新节点表示。图注意力网络 (Graph Attention Network, GAT)[51] 考虑了邻居的重要性差异，定义了聚合函数对邻居进行注意力加权聚合学习节点表示；图采样聚合网络 (GraphSAGE)[20] 通过对近邻节点进行采样操作，减少了每个节点的近邻数量，通过学习特定的聚合函数 (平均、池化、LSTM 聚合) 以完成节点信息聚合。此外，还有一些其他的空域方法 (Neural FPs[52]、DCNN[53]、MoNet[54]、HAN[55] 和 DGI[56] 等)，从不同的聚合信息和更新的角度进一步拓展了空域图神经网络的方法。

无论是谱域方法还是空域方法，本质上都是在寻找节点信息聚合和更新的空间 (频域/时域) 及方式 (滤波/聚合)，谱域方法在频域内做信号滤波，空域方法在时域内做信息聚合。广义上，空域方法可以包含谱域方法，如 GCN[47] 既可以看作是空域方法的起点，也可以视为谱域方法的一个特例。

图神经网络学习是当前机器学习领域的一个热门研究方向，引申出了很多值得深入研究的问题。例如，面向弱监督的图神经网络学习方法研究[57-61]、从攻防两方面开展图神经网络对抗鲁棒性的研究[62-64]、对图神经网络的结构模式进行可视化与可解释性分析的研究[65-68]、拓扑结构与节点特征相融合设计图池化算子的研究[69-73]、面向大规模图的图神经网络的研究[20,74-77] 及深度图神经网络的研究[78-82] 等。学术界和工业界也公开了很多网络数据用于评测图神经网络的性能，例如，引文数据集 (Cora、CiteSeer、PubMed)[47]、通用性能评价基准数据集 Open Graph Benchmark[83]、Open Catalyst[84] 等。此外，图神经网络已针对各类复杂的图 (如二分图[85]、符号图[86]、多维图[87]、有向图[88] 和超图[89] 等) 开展了研究。

根据研究视角的不同，可以将上述研究分为图神经网络的结构设计和学习范式的设计两个方向。前一个方向主要研究网络表示学习中图神经网络结构，以设计出更高效和鲁棒的图神经网络模型。在此方向上，图神经网络面临的首要挑战是深度加深会导致模型退化，浅层图神经网络模型的表示能力有限，而现有的模型加深后出现性能退化，表现弱于浅层模型的表达能力。因此，解决现有浅层图神经网络表示能力弱或图神经网络加深后出现的性能退化是一个不可回避的问题。

后一个方向的主要研究内容是在不同的监督环境下进行网络表示学习。有监督学习通过标签训练得到的模型往往只能学到针对特定下游任务的知识，并不具备获得通识的能力，因此通过有监督学习获得的表示很难应用迁移到其他下游任务中。此外，人工标注图数据的成本非常高，导致对监督信息过度依赖的图神经网络无法大规模部署。因此，如何利用图数据蕴含的丰富信息来设计合适的图自监督学习方法，从而在较小的标注代价下开展图神经网络的研究是该方向的关键。下面两节分别梳理了现有图神经网络在缓解深度加深模型退化和监督信息过度依赖两个挑战下的工作。

#### 1.2.4.1 深度图神经网络

面向复杂的大规模网络数据，浅层图神经网络模型的表示能力有限，研究深度图神经网络模型与算法有望为网络大数据的高效网络表示提供有利方案。然而，与欧氏空间卷积神经网络 (或全连接网络、循环神经网络) 不同，图神经网络通过简单的堆叠图卷积模块构建的深度图神经网络模型表现出弱于浅层模型的表达能力，一般的图神经网络只能承受两层的消息传递过程，继续增加层数往往会导致分类精度的降低。

国内外对于如何构建深度图神经网络模型的研究正处于起步阶段。Li 等人[90]首次从理论上剖析了图卷积网络层数加深后性能退化的原因，将所有节点的表示在网络加深后趋于一致的现象归因于过平滑 (Oversmoothing) 问题，即在消息传递模型中，过多次数的消息传递会导致图上的节点特征趋于一致，节点的表示缺乏可区分性。目前，缓解过平滑问题的算法大致可分为以下三类：第一类算法侧重于设计新的图神经网络架构。文献 [47,81,91] 通过在图卷积模块中引入残差连接[92]构建深度图神经网络模型；Hu 等人[80] 提出的深度图卷积梯形网络，通过收缩路径和扩展路径 U 型结构实现了图卷积模块的有效堆叠；Liu 等人[82] 将图神经网络层数增加而性能下降的现象归因于卷积计算过程中特征变换和传播两个过程的纠缠，基于解耦的思想提出了深度自适应图神经网络模型。第二类算法采用了正则化技术，如使用批处理[93]和成对标准化[94]防止所有节点表示变得过于相似；MADReg[95] 利用提出的过平滑度量来约束表示空间中节点的距离，使得远距离节点有一定的区分性。第三类算法从拓扑角度缓解过平滑问题。基于拓扑的方法操作简洁、高效，且可以用作通用插件，提高其他两类方法的性能。因此，近年来，它受到了越来越多的关注。例如，AdaEdge[95] 通过删除/添加边操作训练图神经网络；PTDNet[96] 方法训练的参数化网络可以修剪与下游任务无关的边；Rong 等人[79] 提出的随机删边技术 (DropEdge) 可以在有效减缓深度图卷积模型中过平滑的收敛速度的同时，减少由过平滑引起的信息损失。然而，DropEdge 由于假设图中的所有边都同等重要，因此该方法删除了太多对分类有用的类内边。

总的来讲，在复杂的网络大数据环境下，如何缓解深度加深模型退化是一个十分有价值的研究方向。虽然已有一些网络加深的相关工作被提出，但这些方法大多受到欧氏空间中深度网络的启发发展而来，缺乏适应非欧氏空间数据的有效性。因此，缓解深度加深模型退化的研究仍有待进一步的探索。

#### 1.2.4.2 图自监督学习

自监督学习通过利用精心设计的代理任务从大规模的无监督数据中挖掘自身的监督信息，从而学习到对下游任务有价值的表征。自监督学习作为一类新兴的表示学习方法，近几年迅速崛起。自 2020 年起，各大国际会议接连举行了多场有关自监督的特邀报告、专题研讨会和讲习班。例如，Facebook 人工智能总监、图灵奖得主 Yann Lecun 在 AAAI 2020 的会议上做了自监督学习的特邀报告 *Self-Supervised Learning*；伯克利教授 Alexei Efros 在 ICLR 2021 会议上做了以 *Self-Supervision for Learning from the Bottom Up* 为题的特邀报告；ICLR 2021、ICML 2022、NeurIPS 2022、AAAI 2022 等会议上陆续举办了与自监督学习相关的专题研讨会；CVPR 2021、CVPR 2022 等会议上相继举办了多次有关自监督学习的讲习班。在国内，2021 年智源大会上举办了"自监督学习"的圆桌论坛，CNCC 2022 上举办了"网络表示学习的谱理论与自监督学习"的研讨会。由此可见，自监督学习的研究正值爆发期。

自监督学习在计算机视觉 (CV) 和自然语言处理 (NLP) 领域取得了巨大成功。在 CV 领域，早期的自监督学习方法设计了各种语义相关的代理任务，包括图像修复、图像着色、旋转预测和拼图[97] 等。最近流行的对比自监督学习框架则利用图像变换下的语义不变性来学习视觉特征，代表性的方法如 MoCo[98]、SimCLR[99]、BYOL[100] 和 Barlow Twins[101] 等。在 NLP 领域，早期的自监督学习方法采用词嵌入[102] 等技术，近年来大规模语言模型 (BERT、GPT-3 等) 通过语言代理任务的自监督学习，在多个 NLP 任务上实现了最先进的性能。最近，研究者对将自监督学习应用于图结构数据越来越感兴趣，这类方法称为图自监督学习[103]，图结构数据的复杂性决定了将其他领域开发的自监督学习直接应用于图非常具有挑战性。对可用的图信息进行有效建模以缓解对监督信息的过度依赖是图神经网络面临的机遇与挑战。最近一些研究新进展表明，自监督学习在解决该问题上大有可为，其研究工作可分为基于对比学习的方法和基于预测的方法两大类。图对比自监督学习遵循对比自监督学习的处理流程，鼓励图数据中相似的样本 (正例对) 彼此接近，不同的样本 (负例对) 相互推远，从而学习图数据变换下的语义不变性；图生成自监督学习旨在重构输入的图数据并将该数据当作监督信号，通过有监督的方式训练模型。

随着对比学习 (Contrastive Learning)[104,105] 在自然语言处理、图像等领域大放异彩，其研究热度近年来也逐步走高。自 2020 年以来，研究者着力于将对比学习技术应用于网络数据的表示学习上，这一系列算法研究称为图对比学习 (Graph Contrastive Learning, GCL)。图对比学习遵循对比学习的处理流程，主要包括图增强和选择代理任务两个环节。以节点表示为例，首先通过图增广生成图数据的多个视图。然后，通过代理任务环节选择目标节点的正例和负例节点在特征空间进行对比，将该目标节点与正例节点拉到一起，并推离负例节点来学习样本的特征表示。

图对比自监督学习是图自监督学习的一种重要范式，目前已进入一个蓬勃发展的时期。从图对比自监督学习的流程来看，主要包括三个模块，即图数据增强、图代理任务及负例样本处理。

图数据增强。计算机视觉领域的最新研究表明，对比学习的成功在很大程度上依赖精心设计的数据增强策略。然而，由于图数据固有的非欧几里得属性，很难将为图像设计的数据增强直接应用于图数据。因图数据的特有性质，现有的图数据增强策略大致可以分为四类：基于特征扰动的图数据增强[56,106]、基于拓扑扰动的图数据增强[106]、基于采样的图数据增强[107,108] 和自适应的图数据增强[109,110]。① 基于特征扰动的图数据增强是在节点的属性上进行操作的，代表性方法有节点属性掩码和节点属性置换两种。节点属性掩码使用随机值屏蔽掉节点的一部分属性以生成不同的视图，如 GRAND[61] 用零完全屏蔽选定的特征向量，MERIT[111] 用零掩盖若干选定的特征通道；节点属性置换不是屏蔽部分特征矩阵，而是按行地置换节点特征矩阵，如 DGI[56] 中增强图的部分节点被放置到其他位置。② 基于拓扑扰动的图数据增强一般采用边修改和图扩散的方法生成增强的视图。边修改方法通过随机增加或删除一部分边来扰乱给定的邻接图[106,111]；图扩散方法[112] 将全局拓扑信息注入给定的邻接图中，通过随机游走的方式在节点间产生新的连接。③ 基于采样的图数据增强同时作用于节点属性与拓扑结构，包括子图采样方法和混合采样方法两种。子图采样方法[107,113] 对一部分节点及其对应的边进行采样以生成不同的视图；混合采样方法中采样的节点和边不是对应关系，如 MVGRL[112] 采用图扩散和子图采样来生成不同的对比视图。④ 自适应的图数据增强通常使用注意力机制或梯度来指导节点或边的选择。例如，AutoGCL[114] 提出自动图对比学习算法，该算法采用一组可学习的图生成器，以端到端的方式学习图数据增强；GCA[115] 通过计算节点和边的重要性分数，从而保持重要的结构和属性不变，而对可能不重要的边和特征进行扰动。由上述论述可知，现有的图数据增强方法侧重于在输入空间的拓扑和节点特征上进行扰动增强，变换的类型有限，导致在生成多个视图时提供了有限的多样性，而且大部分方法需要预先设置图数据增强方法，不能对其进行有效的动态组合，灵活性受限。

**图代理任务。**由于图数据包含有节点级、子图级和图级信息,因此,图对比自监督学习可以在相同或不同的尺度上对比两个视图,因而图代理任务可以分为两种类型,即同一尺度的图代理任务和跨尺度的图代理任务。① 同一尺度的图代理任务中的两个视图,无论是正例对还是负例对,都处于相同的尺度,这类图代理任务可进一步细化为三类:局部–局部对比、上下文–上下文对比和全局–全局对比。局部–局部对比侧重于在节点层面进行对比学习,如 GCA[109] 与 BGRL[116],这类方法首先使用不同的图数据增强方法获得增强视图,然后采用节点级图编码器获得节点的表示,最后在节点级别进行对比学习;上下文–上下文对比的代表性方法是 GCC[107],首先通过随机游走采样的方式得到每个图的多个子图,然后使用图级编码器获得查询子图和关键子图的图表示,如果这两个子图是从同一个图中采样得到的,那么它们互为正例,否则互为负例;GraphCL[106] 和 CSSL[113] 是典型的全局–全局对比方法,这类方法首先使用图数据增强方法获得增强图,然后预测两个增强图是否来自同一个图。② 跨尺度的图代理任务中两个视图具有不同的尺度,也可以进一步细化为三类:局部–全局对比、局部–上下文对比和上下文–全局对比。DGI[56] 和 MVGRL[112] 是代表性的局部–全局对比方法,这类方法均是分别获得节点级和图级的表示,然后最大化节点和图表示之间的互信息;局部–上下文对比方法主要涉及节点与子图的对比,如 SUBG-CON[117] 通过利用锚点与其周围子图之间的强相关性来训练模型,首先随机选择一个节点作为锚点,其次通过重要性采样算法从该锚点的周围采样子图,再次采用 READOUT 函数获得子图的表示,最后最大化节点和子图表示之间的互信息;上下文–全局对比方法的代表性方法是 MICRO-Graph[118],该方法利用图中的模体 (Motif) 结构获得子图,通过最大化子图的表示与图的表示来训练模型。由上述论述可知,现有的图代理任务方法通常只在同一尺度或单一的跨尺度上进行学习,不能有效满足下游任务的需求,从而无法适配多个下游任务。

**负例样本处理。**在图对比自监督学习方法中,负例样本有着举足轻重的作用,它将投影到超球体平面的各个实例对应的表示向量相互推开,以此来避免对比学习中出现的模型坍塌问题。从负例样本处理的任务来看,现有的图对比自监督学习方法大致可以分为直接使用负例的方法和间接使用负例的方法两大类。直接使用负例的方法核心思想是学习一个映射函数,将语义相近的样本对在特征嵌入空间内映射得更紧密 (最大化一致性),同时将相异的样本对尽可能推开。代表性方法如 GCA[115] 和 GraphCL[106] 将 SimCLR[99] 扩展到图数据,通过直接将其他节点/图作为负例来学习节点/图表示。DGI[56] 最大化从负视图中随机抽取的节点表示与原图全局表示之间的互信息。InfoGraph[119] 沿用了 DGI 的架构,为下游的图级分类任务获得图的表示。此外,图对比编码 GCC[107] 将动量对比 (MoCo) 扩展到图上。这类方法通常假设负例样本与正例样本的语义不同,若这种假设无法满足,则会导致算法性能变差。目前,在使用负例样本对模型性能影响的方面已有一些研究工作,大体思想主要是利用更多的领域知识挖掘数据的潜在结构来降低伪负例带来的不良影响[120,121]。间接使用负例的方法包括基于聚类的方法、基于不对称结构的方法和基于冗余消除的方法。① 基于聚类的图对比自监督学习方法不直接做两两样本的对比,而是对样本进行聚类,然后在类之间或类与样本之间进行对比学习。代表性的方法如图对比聚类[122]在节点和类簇级别上分别执行对比学习,可以更好地最小化类簇内的方差,并最大化类簇间的方差。gCooL[123]以端到端的方式共同学习社区划分和学习节点表示,该框架使得同一社区中的节点在表示空间中拉得更近。这类方法通过聚类后再对比的操作,可以减小对比的数量,降低计算复杂度,而且同一类下的不同样本也互为正样本,在一定程度上不会将语义相同的样本当作负例。但是这类方法很依赖聚类方法的有效性。因此,如何设计有效的聚类算法,并对聚类后负例信息进行甄别与利用是现有方法需要解决的困难问题。② 基于不对称结构的图对比自监督学习方法使用上下分支不对称的神经网络来训练模型。代表性的方法如 BGRL[116] 将图像领域的 BYOL[100] 扩展到了图数据,其使用 online 和 target 分支的不对称架构,在 online 分支中加入了一个基于多层感知机 (MLP) 的预测器。此外,BGRL 使用动量更新 target 分支的参数。这类方法利用不对称的架构及动量更新机制的协同提升了模型的性能,缓解了传统对比学习对负例的依赖,但其背后的机理尚不明确。③ 基于冗余消除的图对比自监督学习方法的核心思想是减少不同特征维度的冗余,从而最大化地表示信息内容。代表性的方法如 Graph barlow twins[124] 采取了上下分支对称结构,两者参数共享。该方法使得不同视角下的特征的相关矩阵接近恒等矩阵,即让不同维度的特征尽量表示不同的信息,从而提升特征的表征能力。CCA-SSG[125] 受典型相关分析 (CCA) 方法启发,旨在最大化同一输入的两个增强视图之间的相关性,同时降低单个视图表示的不同维度 (特征) 的相关性。该方法的损失函数包括两个项 (不变性项和冗余约简项):不变性项最大化不同视图间相同特征的相关性,冗余约简项减少了信息冗余。这类方法不使用负例,也没有使用不对称结构,但对特征维度比较敏感,且倾向于更多地关注主要特征,忽略次要特征。由上述论述可知,尽管基于聚类的方法没有明确使用负例,但它与直接采用负例的对比学习模型在防止模型坍塌方面的作用机制是类似的,其利用聚类后的中心点来替代 GraphCL 这类方法中的正例和负例。关于 BGRL 与 CCA-SSG 这类方法不明确需要负例的原因,目前还没有公认的说法。但值得注意的是,有关文章[126]指出,不直接使用负例的方法并不能从根本上解决崩溃问题,表明对负例样本进行显式操作的必要性。因此,如何鲁棒地使用负例样本仍是现有方法面临的困难问题,错误地将这些样本嵌入远离锚点的位置会严重制约图对比自监督学习的有效性,部分考虑使用聚类进行负例选择的方法均在单一聚类层次上进行,忽略了网络数据具有的层次语义信息。

基于预测的图自监督方法通过构建预测任务，使得模型能够从图数据中学习到有用的表示，而无须依赖外部的标签信息。这类方法通常需要构建数据—标签对，并通过有监督的方式训练模型，从而获得网络的表示。具体地说，基于预测的图自监督方法可以分为以下几个步骤：① 构建预测任务。根据图的结构和属性构建预测任务。例如，可以通过随机移除图中的一部分边或节点，然后让模型预测这些被移除元素的属性或连接关系来构建预测任务。② 学习图表示。通过优化预测任务的损失函数来学习图表示。在这个过程中，模型需要学习到能够准确预测被移除元素属性或连接关系的图表示。通常，可以使用图神经网络 (Graph Neural Network，GNN) 作为模型来学习图表示。③ 自监督学习。在预测任务中，模型通过不断地预测和更新图表示来进行自监督学习。由于预测任务是自动构建的，因此这种方法可以充分利用图数据本身的信息进行自监督学习，而无须依赖于外部的标签信息。广义上，这里的标签一般是基于输入图数据的某些属性或通过选择数据的某些部分，如拓扑结构、节点的属性、节点的统计属性 (度、聚集系数) 及节点的伪标记等均可以作为此处的标签。代表性的方法有如下几种：第一类方法以拓扑结构或节点属性为标签。2016 年，Kipf 等人提出了图自编码器 (Graph Auto-Encoders，GAE)[127]。该方法以邻接矩阵 $A$ 为标签，使用整个图 (包括节点属性和图结构) 作为自动编码器的输入重构 $A$，从而学习有效的表示。ARVGA 作为 GAE 的一种变体[128]，将生成对抗思想引入 GAE，以增强表示的鲁棒性。在此之后，2019 年，Park 等人提出了 GALA[129]，与上述方法不同，该方法设计了一个新的解码器，将节点属性矩阵 $X$ 作为标签以获得网络的表示。简言之，上述方法只能重构邻接矩阵 $A$ 或重构节点属性矩阵 $X$ 其中之一，而不是两者都重构，这将削弱该邻接矩阵与节点属性信息之间的自然相关性，在实践中会导致表现不佳。第二类方法以节点或节点间的属性为标签。Peng 等人[130] 将节点间的成对相似性作为标签，该方法在图中随机选择成对的节点，并训练神经网络以便预测两个点的相似性，从而获得能感知近邻的网络表示。第三类方法以节点的伪标记为标签。Li 等人[78] 使用随机游走和自训练方法，将置信度高的伪标签节点加入标记集合中参与下一轮的训练；Sun 等人[131] 提出了多阶段自训练 (Multi-Stage Self-Supervised，M3S) 方法。该方法首先利用标记集训练图神经网络，然后利用训练好的模型对未标记节点进行预测，得到这些节点的伪标记并将具有高置信度的节点添加到标记节点集合，通过多次执行上述操作达到训练图神经网络的目的。

总而言之，尽管图自监督学习已经取得了一些研究成果，但现有方法多数是计算机视觉领域对比学习方法在图数据上的扩展，在图神经网络上应用自监督学习仍是一个新兴的领域。针对网络数据，设计更好的发现数据中的自监督信号的方法仍面临巨大的挑战。

## 1.3　图神经网络面临的主要问题

从国内外研究现状来看,目前图神经网络在理论、方法和应用等方面均取得了非常大的发展,已成为重要的网络数据分析挖掘的工具。虽然在学术界与工业界都已经提出了非常多的模型和框架,但现有的图神经网络还处于探索阶段,仍面临着深度加深模型退化和监督信息过度依赖两大重要的挑战。

**1. 深度加深模型退化**

面向复杂的大规模网络数据,浅层图神经网络模型的表示能力有限,然而通过简单的堆叠图卷积模块构建的深度图神经网络模型,表现出弱于浅层模型的表达能力。虽然已有一些针对网络加深的工作被提出,但这些方法均属于探索性的工作,大多数受到欧氏空间中深度网络的启发发展而来。因此,在复杂的网络大数据环境下,图神经网络的深度加深导致模型退化的问题为图数据的表示及后续的建模分析带来了极大的挑战。本书重点关注该挑战下的两个问题。

(1) **节点邻域混杂的问题**。基于图神经网络的方法一般使用消息传递方案,其中每个节点通过聚合来自其相邻节点的特征以更新其自身的特征向量。在 $K$ 轮消息传递后或当图神经网络的深度增加到 $K$ 层时,节点可以从图中最多 $K$ 跳的节点聚合信息。由此来看,图神经网络将 $K$ 跳内节点的信息不加区分地混合在一起,增加了过平滑的风险。如何将不同阶邻域的信息进行针对性的表示与学习,并将这些表示进行合理的融合成为图神经网络的重要问题。

(2) **全局结构信息缺失的问题**。现有的基于设计新的架构或标准化技术的方法很少考虑图的结构信息。虽然一些基于拓扑的方法基于不同训练迭代的预测结果对原始图进行了修改,但它们没有明确地利用图的结构信息,且这种迭代方法会导致误差的积累。全局结构信息的缺失使得图神经网络无法有效地区分类内边和类间边。而类间边是不同类节点交互的渠道。随着图神经网络深度的增加,不同类的节点通过类间边交换了更多的信息,从而导致不同的类节点更加相似。因此,图神经网络迫切需要对图的全局结构进行彻底的探索,以期减少类间信息的交互,缓解过平滑问题。

**2. 监督信息过度依赖**

训练模型的一种常见方法是使用监督模式,需要给定足够数量的输入数据和标签对。然而,由于该范式需要大量的标签,监督学习变得不适用于许多现实世界中的场景,其中标签是昂贵的、有限的甚至不可用的。同样地,在许多图数据分析任务中,有标记的节点非常稀少,而未标记节点往往非常丰富。因此,监督信息过度依赖也是图神经网络面临的重要挑战。在此背景下,使用自监督信息学习更好的节点表示[132]，从而辅助后续的图分析挖掘任务受到越来越多的关注。在这些方法中，如何生成良好的自监督信息是其成功的关键。因此，本书重点关注利用图自监督技术缓解监督信息过度依赖性挑战下的两个问题。

(1) **自监督信息缺失且包含噪声问题**。在基于预测的图自监督学习框架中，现有的图神经网络方法存在以下两个问题：① 图自监督信息缺失。大多图自动编码器算法只重构邻接矩阵 $A$ 或节点属性矩阵 $X$，不能同时重构二者，而仅仅重构邻接矩阵会浪费节点属性的信息。相应地，仅重构节点属性会忽略邻接矩阵信息，因此，这些方法很难找到有意义的潜在表征。② 自监督信息有噪声。现有方法通常使用图卷积网络 (GCN) 的初始版本或其变体组成编码器和解码器，没有针对图自编码器设计特殊的编码器和解码器，导致模型会遇到不完全过滤的噪声的问题。由此看来，构建针对图自监督信息缺失且包含噪声问题的图神经网络方法是应对监督信息过度依赖挑战的一个重要研究方向。

(2) **节点自监督信息贡献不做区分的问题**。在基于对比的图自监督学习框架 (图对比学习) 中，图神经网络聚焦于如何设计图增广方法及如何选择代理任务。对于更细粒度的方面，即每个节点的图对比自监督信息对模型影响的问题，目前仍缺乏深入的研究。事实上，部分节点提供的图自监督信息对节点分类任务是有益的，而其他节点提供的图自监督信息对节点分类任务是无益的，甚至是有害的。因此，如何在图对比学习中对节点自监督信息的贡献做出区分，从而生成合适的自监督信号，是一个迫切需要解决的问题。

综上所述，现有对图神经网络的研究还处于探索阶段，没有充分挖掘图数据蕴含的各种信息，如高阶近邻信息、全局结构信息、节点伪标记信息、节点权重信息等，导致图神经网络输出的表示判别性较差，进而限制了后续下游任务的性能。

## 1.4 研究内容和组织结构

通过上述讨论可知，图神经网络是网络数据分析中一个非常重要的研究内容，从国内外研究进展来看，一些研究者已经开展了相关的研究并取得了一系列重要成果，但图神经网络仍面临着深度加深模型退化和监督信息过度依赖的挑战。面对深度加深模型退化挑战下的"节点邻域混杂的问题"和"全局结构信息缺失的问题"，监督信息过度依赖挑战下的"自监督信息缺失且包含噪声的问题"和"节点自监督信息贡献不做区分的问题"，本书立足于深入挖掘图数据蕴含的丰富信息，利用信息增强的手段，结合负相关学习、复杂网络的中心性度量、自编码器、注意力机制及双层优化等方法创新性地开展了图神经网络学习方法的研究，研究体系结构如图 1.1 所示。

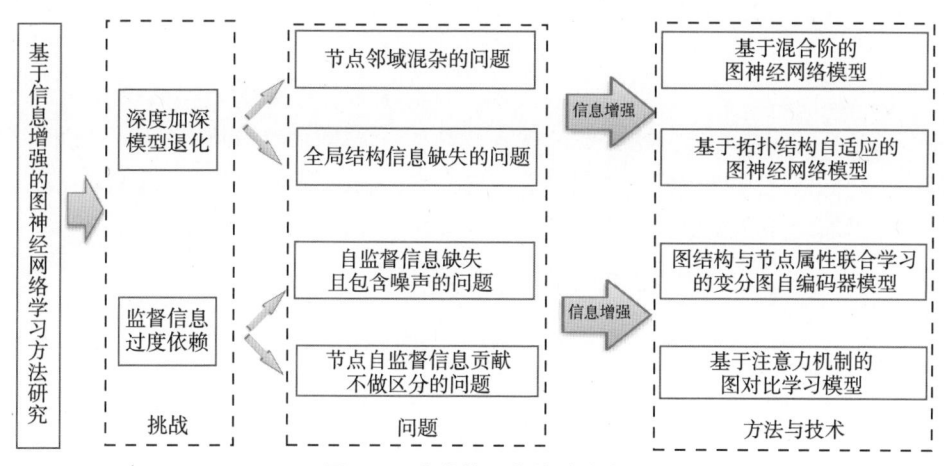

图 1.1 本书的研究体系结构

本书的具体研究内容如下:

第 1 章为绪论。本章主要阐述了图神经网络研究的背景及意义、国内外研究现状、面临的主要问题,以及本书的研究内容与组织结构。

第 2 章为图神经网络。本章对图神经网络相关的知识进行了全面的介绍,包括神经网络基础、图数据、图神经网络方法及图神经网络的应用等。

第 3 章研究基于混合阶的图神经网络模型。该模型通过充分利用图结构中不同阶的近邻信息及节点的伪标签信息,以达到提升图神经网络性能的目的。本章还在多个公开的网络数据中验证了该模型。

第 4 章研究基于拓扑结构自适应的图神经网络模型。该模型根据图的全局结构定义边的强度,并利用该强度有选择地去掉一些类间边,从而缓解了图神经网络过平滑问题。最终,该模型在不同类型网络数据上的有效性得到了验证。

第 5 章研究图结构与节点属性联合学习的变分图自编码器模型。该模型基于变分图自编码器,在解码阶段,重构了图结构信息和节点属性信息,从而有效地融合了两种不同的图自监督信息;此外,设计了新的编码器和解码器,减少了传统图卷积神经网络带来的噪声问题。该模型在节点聚类、链接预测和可视化任务上得到了充分验证。

第 6 章研究基于注意力机制的图对比学习模型。该模型基于注意力机制,通过自适应调整图对比学习中节点的权重,实现了对不同节点自监督信息贡献的区分。本章还在公开的网络数据上验证了该模型的有效性。

第 7 章为总结与展望。本章总结了本书的主要研究内容,并对未来可能研究的方向进行了展望。

## 1.5 本章小结

本章介绍了图神经网络研究的背景及意义,阐述了国内外网络表示学习与图神经网络的研究现状,分析了图神经网络当前面临的主要问题。在此基础上,引出了本书的研究内容与组织结构。

# 第 2 章　图神经网络

本书主要从技术角度讨论图神经网络问题，重点关注图神经网络算法。但为了让读者对图神经网络问题有全面的了解，本章对图神经网络进行概要的论述。

图神经网络是指将深度神经网络应用于图这种结构化数据的方法。由于图数据不是规则网络，传统的神经网络或深度学习网络不能直接迁移推广到图数据上。因此，在本章中，首先为读者介绍神经网络的基础知识，重点介绍如下四种代表性的方法：前馈神经网络、卷积神经网络、循环神经网络和自编码器；接着介绍图神经网络的主要载体——图数据的相关知识，包括图数据的来源、对图数据的分类、图上的任务；然后罗列主流的几种图神经网络的方法，包括图卷积神经网络、图注意力网络、图自编码器等；最后介绍图神经网络在一些典型领域的应用。

## 2.1　神经网络基础

目前，图神经网络不仅在互联网、人工智能算法领域大放光彩，而且在生活中的各大领域都能反映出图神经网络引领的巨大变革。神经网络是图神经网络的基础架构，这里所说的神经网络不是生物学的神经网络，学术界将其称为人工神经网络 (Artificial Neural Network, ANN)。神经网络最早是人工智能领域的一种算法或者说是模型，目前神经网络已经发展成为一类多学科交叉的学科领域，它也随着深度学习取得的进展重新受到重视和推崇。

神经网络作为一种算法模型很早就已经开始被研究了，可以追溯到 20 世纪 40 年代的 M-P 模型，该模型可以对二分类样本做出判断。后来，发展出感知机模型，可以通过训练获得模型的参数。但是在取得一些进展后，神经网络的研究陷入了一段很长时间的低潮期，主要是由于神经网络加深后训练非常困难，存在梯度消失等问题。20 世纪 80 年代，神经网络的研究开始复兴，主要是因为 Hinton 在深度学习上取得的进展，其提出了一种称为反向传播[133] 的突破性技术，使得深度神经网络的训练成为可能，神经网络又再次受到人们的重视。最近，随着算力的大幅度增加及海量数据的加持，神经网络不仅局限于复兴，更是取得了前所未有的巨大关注与成功，深度神经网络在各个领域多个任务上的表现远远超过了传统的方法。

由于图神经网络的研究基于神经网络，因此必须先对神经网络有一定的理解。本章主要聚焦于介绍一些基本的神经网络模型，包括前馈神经网络、卷积神经网络、循环神经网络和自编码器。

### 2.1.1 神经元模型与感知机

在介绍前馈神经网络之前，先为读者简单介绍神经网络的基本单元：神经元模型与感知机。

神经元是神经网络中最基本的结构，也可以说是神经网络的基本单元，它的设计灵感来源于生物学上神经元的信息传播机制。神经元有两种状态：兴奋和抑制。一般情况下，大多数的神经元处于抑制状态，但是一旦某个神经元受到刺激，导致它的电位超过一个特定的阈值，那么这个神经元就会被激活，处于"兴奋"状态，进而向其他的神经元传播化学物质。

1943 年，McCulloch 和 Pitts[134] 将神经元结构用一种简单的模型进行了表示，构成了一种人工神经元模型，也就是我们现在经常用到的"M-P 神经元模型"，神经元的输出为

$$y = f\left(\sum_{i=1}^{n} w_i x_i - \theta\right) \quad (2.1)$$

式中，$\theta$ 为神经元的激活阈值，大于阈值时激活，否则抑制。

感知机 (Perceptron) 是由两层神经元组成的结构，输入层用于接收外界输入信号，输出层 (也称感知机的功能层) 就是 M-P 神经元。感知机模型可以由如下公式表示：

$$y = f(wx + b) \quad (2.2)$$

式中，$w$ 为感知机输入层到输出层连接的权重，$b$ 表示输出层的偏置。

事实上，感知机是一种判别式的线性分类模型，可以解决与、或、非这样的简单的线性可分 (Linearly Separable) 问题，但是由于它只有一层功能神经元，所以学习能力非常有限。事实证明，单层感知机无法解决最简单的非线性可分问题——异或问题。感知机只能做简单的线性分类任务，但是当时的人们热情太过于高涨，并没有人清醒地认识到这一点。于是，当人工智能领域的巨擘 Minsky 指出这一点时，事态就发生了变化。Minsky 在 1969 年出版了一本叫 *Perceptron*[135] 的书，里面用详细的数学证明了感知机的弱点，尤其是感知机对 XOR(异或) 这样的简单分类任务都无法解决。Minsky 认为，如果将计算层增加到两层，计算量就会过大，而且没有有效的学习算法。所以，他认为研究更深层的网络是没有价值的。由于 Minsky 的巨大影响力及书中呈现的悲观态度，让很多学者和实验室纷纷放弃了神经网络的研究。神经网络的研究陷入了冰河期，这个时

期又被称为 "AI winter"。大约 10 年后, 两层神经网络的研究才推动了神经网络的复兴。

我们知道, 日常生活中很多问题, 甚至说大多数问题都不是线性可分问题, 那我们要解决非线性可分问题该怎样处理呢? 这正是我们要引出 "多层" 网络概念的原因。既然单层感知机解决不了非线性问题, 那就采用多层感知机, 多层感知机可以很好地解决非线性可分问题, 我们通常将多层感知机等具有多层结构的模型称为神经网络。但是, 正如 Minsky 之前所担心的, 多层感知机虽然在理论上可以解决非线性可分问题, 但是实际生活中问题的复杂性远不止异或问题这么简单, 所以往往要构建多层网络, 而对于多层神经网络采用什么样的学习算法又是一项巨大的挑战。

所谓神经网络的训练或者学习, 其主要目的在于通过学习算法得到神经网络解决指定问题所需的参数, 这里的参数包括各层神经元之间的连接权重及偏置等。作为算法的设计者, 我们通常根据实际问题来构造出网络结构, 参数的确定则需要神经网络通过训练样本和学习算法来迭代找到最优参数组。

说起神经网络的学习算法, 不得不提其中最杰出、最成功的代表之一——误差逆传播 (Error BackPropagation, BP)[133] 算法。BP 算法通常用在最为广泛使用的多层前馈神经网络中。BP 算法由信号的正向传播和误差的反向传播两个过程组成。正向传播时, 输入样本从输入层进入网络, 经隐层逐层传递至输出层, 如果输出层的实际输出与期望输出不同, 则转至误差反向传播; 如果输出层的实际输出与期望输出相同, 则结束学习算法。反向传播时, 将输出误差 (期望输出与实际输出之差) 按原通路反传计算, 通过隐层反向, 直至输入层, 在反传过程中将误差分摊给各层的各个单元, 获得各层各单元的误差信号, 并将其作为修正各单元权值的根据。这一计算过程使用梯度下降法完成, 在不停地调整各层神经元的权值和阈值后, 使误差信号减小到最低限度。权值和阈值不断调整的过程, 就是网络的学习与训练过程, 经过信号正向传播与误差反向传播, 权值和阈值的调整反复进行, 一直进行到预先设定的学习训练次数, 或输出误差减小到允许的程度。

### 2.1.2 前馈神经网络

前馈神经网络 (Feedforward Neural Network, FNN)[136] 简称前馈网络, 是人工神经网络的一种。前馈神经网络采用一种单向多层结构。其中每一层包含若干个神经元。在这种神经网络中, 各神经元可以接收来自前一层神经元的信号, 并将输出传递到下一层。第 0 层叫输入层, 最后一层叫输出层, 其他中间层叫隐含层 (或隐藏层、隐层)。隐层可以是一层, 也可以是多层。整个网络中无反馈, 信号从输入层向输出层单向传播, 可用一个有向无环图表示。多层前馈神经网络有

一个输入层，中间有一个或多个隐含层，有一个输出层。多层感知机网络中的输入与输出变换关系为

$$s_i^{(q)} = \sum_{j=0}^{n_{q-1}} w_{ij}^{(q)} x_j^{(q-1)}, \left(x_0^{(q-1)} = \theta_i^{(q)}, w_{i0}^{(q-1)} = -1\right)$$

$$x_i^{(q)} = f\left(s_i^{(q)}\right) = \begin{cases} 1, s_i^{(q)} \geqslant 0 \\ -1, s_i^{(q)} < 0 \end{cases}$$

(2.3)

它对于该层的输入模式进行线性分类，但是由于多层的组合，最终可以实现对输入模式的较复杂的分类。

前馈神经网络结构简单，应用广泛，不仅能够以任意精度逼近任意连续函数及平方可积函数，而且可以精确实现任意有限训练样本集。从系统的观点看，前馈网络是一种静态非线性映射。通过简单非线性处理单元的复合映射，可获得复杂的非线性处理能力。从计算的观点看，其缺乏丰富的动力学行为。大部分前馈网络都是学习网络，其分类能力和模式识别能力一般都强于反馈网络。

### 2.1.3 卷积神经网络

卷积神经网络 (Convolutional Neural Network, CNN)[137] 是一类包含卷积计算且具有深度结构的前馈神经网络，是深度学习 (Deep Learning) 的代表算法之一。卷积神经网络具有表征学习能力，能够按其阶层结构对输入信息进行平移不变分类 (Shift-Invariant Classification)，因此也被称为"平移不变人工神经网络" (Shift-Invariant Artificial Neural Network, SIANN)。

对卷积神经网络的研究始于 20 世纪 80—90 年代,时间延迟网络和 LeNet[138] 是最早出现的卷积神经网络；进入 21 世纪后，随着深度学习理论的提出和数值计算设备的改进，卷积神经网络得到了快速发展，并被应用于计算机视觉、自然语言处理等领域。

卷积神经网络仿造生物的视知觉 (Visual Perception) 机制构建，可以进行监督学习和无监督学习，其隐含层内的卷积核参数共享和层间连接的稀疏性使得卷积神经网络能够以较小的计算量对格点化 (Grid-Like Topology) 特征，如像素和音频进行学习，因此卷积神经网络有稳定的效果且对数据没有额外的特征工程 (Feature Engineering) 要求。

LeCun (1989) 的工作 LeNet，在 1993 年由贝尔实验室 (AT&T Bell Laboratories) 完成代码开发，并被部署于国家收银机 (National Cash Register Coporation, NCR) 的支票读取系统中。但总体而言，由于数值计算能力有限、学习样本不足，加上同一时期以支持向量机 (Support Vector Machine, SVM) 为代表的核学习

(Kernel Learning) 方法的兴起，这一时期为各类图像处理问题设计的卷积神经网络停留在了研究阶段，应用端的推广较少。

在 LeNet 的基础上，1998 年 LeCun 及其合作者构建了更加完备的卷积神经网络 LeNet-5 并在手写数字的识别问题中取得成功[139]。LeNet-5 沿用了 LeCun (1989) 的学习策略并在原有设计中加入了池化层对输入特征进行筛选。LeNet-5 及其后产生的变体定义了现代卷积神经网络的基本结构，其结构中交替出现的卷积层–池化层被认为能够提取输入图像的平移不变特征。LeNet-5 的成功使卷积神经网络的应用得到关注，微软在 2003 年使用卷积神经网络开发了光学字符识别 (Optical Character Recognition, OCR) 系统。其他基于卷积神经网络的应用研究也得到展开，包括人像识别、手势识别等。

在 2006 年深度学习理论被提出后 [1]，卷积神经网络的表征学习能力得到了关注，并随着数值计算设备的更新得到发展。自 2012 年的 AlexNet[140] 开始，得到 GPU 计算集群支持的复杂卷积神经网络多次成为 ImageNet 大规模视觉识别竞赛 (ImageNet Large Scale Visual Recognition Challenge, ILSVRC) 的优胜算法，包括 2014 年的 VGGNet、GoogLeNet[141] 和 2015 年的 ResNet[142]。

卷积神经网络的隐含层包含卷积层、池化层和全连接层 3 类常见结构，在一些更为现代的算法中可能有 Inception 模块、残差块 (Residual Block) 等复杂结构。在常见结构中，卷积层和池化层为卷积神经网络特有。卷积层中的卷积核包含权重系数，而池化层不包含权重系数。因此在文献中，池化层可能不被认为是独立的层。以 LeNet-5 为例，3 类常见结构在隐含层中的顺序通常为：输入—卷积层—池化层—全连接层—输出。

卷积层的功能是对输入数据进行特征提取，其内部包含多个卷积核，组成卷积核的每个元素都对应一个权重系数和一个偏差量 (Bias Vector)，类似于一个前馈神经网络的神经元 (Neuron)。卷积层内每个神经元都与前一层中位置接近的区域的多个神经元相连，区域的大小取决于卷积核的大小，在文献中被称为"感受野" (Receptive Field)，其含义可类比视觉皮层细胞的感受野。卷积核在工作时，会有规律地扫过输入特征，在感受野内对输入特征做矩阵元素乘法求和并叠加偏差量。

在线性卷积的基础上，一些卷积神经网络使用了更为复杂的卷积，包括平铺卷积 (Tiled Convolution)、反卷积 (Deconvolution) 和扩张卷积 (Dilated Convolution) 等。

在卷积层进行特征提取后，输出的特征图会被传递至池化层进行特征选择和信息过滤。池化层包含预设定的池化函数，其功能是将特征图中单个点的结果替换为其相邻区域的特征图统计量。池化层选取池化区域与卷积核扫描特征图步骤相同，由池化大小、步长和填充控制。

卷积神经网络中的全连接层等价于传统前馈神经网络中的隐含层。全连接层位于卷积神经网络隐含层的最后部分,并只向其他全连接层传递信号。按表征学习观点,卷积神经网络中的卷积层和池化层能够对输入数据进行特征提取,全连接层的作用则是对提取的特征进行非线性组合以得到输出,即全连接层本身不被期望具有特征提取能力,而是试图利用现有的高阶特征完成学习目标。在一些卷积神经网络中,全连接层的功能可由全局均值池化 (Global Average Pooling) 取代,全局均值池化会将特征图每个通道的所有值取平均,即若有 7×7×256 的特征图,全局均值池化将返回一个 256 的向量,其中每个元素都是 7×7,步长为 7,无填充的均值池化。

### 2.1.4 循环神经网络

循环神经网络 (Recurrent Neural Network, RNN)[143] 是一类以序列 (Sequence) 数据为输入,在序列的演进方向进行递归 (Recursion) 且所有节点 (循环单元) 按链式连接的递归神经网络 (Recursive Neural Network)。

对循环神经网络的研究始于 20 世纪 80—90 年代,并在 21 世纪初发展为深度学习 (Deep Learning) 算法之一,其中双向循环神经网络 (Bidirectional RNN, Bi-RNN)[144] 和长短期记忆网络 (Long Short-Term Memory Network,LSTM)[145] 是常见的循环神经网络。

循环神经网络具有记忆性、参数共享并且图灵完备 (Turing Completeness),因此在对序列的非线性特征进行学习时具有一定优势。循环神经网络在自然语言处理 (Natural Language Processing, NLP),如语音识别、语言建模、机器翻译等领域有应用,也被用于各类时间序列预报。引入了卷积神经网络结构的循环神经网络可以处理包含序列输入的计算机视觉问题。

RNN 的核心部分是一个有向图 (Directed Graph)。有向图展开中以链式相连的元素被称为循环单元 (RNN Cell)。通常,循环单元构成的链式连接可类比前馈神经网络中的隐含层 (Hidden Layer),但在不同的论述中,RNN 的"层"可能指单个时间步的循环单元或所有的循环单元,因此作为一般性介绍,这里避免引入"隐含层"的概念。对时间步,RNN 的循环单元有如下表示:

$$h^{(t)} = f\left(s^{(t-1)}, X^{(t)}, \theta\right) \tag{2.4}$$

简单循环网络 (Simple Recurrent Network, SRN) 是仅包含一组链式连接 (单隐含层) 的 RNN,其中循环单元–循环单元连接的为 Elman 网络,闭环连接的为 Jordan 网络。对应的递归方式如下:

$$\text{Elman}: h^{(t)} = f\left(uh^{(t-1)} + wX^{(t)} + b\right), \quad y^{(t)} = g\left(vh^{(t)} + c\right)$$
$$\text{Jordan}: y^{(t)} = f\left(uy^{(t-1)} + wX^{(t)} + b\right), \quad y^{(t)} = g\left(vh^{(t)} + c\right)$$

门控算法是 RNN 应对长距离依赖的可行方法，其设想是通过门控单元赋予 RNN 控制其内部信息积累的能力，在学习时既能掌握长距离依赖，又能选择性地遗忘信息防止过载。门控算法使用 BPTT 和 RTRL 进行学习，其计算复杂度和学习表现均高于 SRN。

RNN 的"深度"包含两个层面，即序列演进方向的深度和每个时间步上输入与输出间的深度。对前者，循环神经网络的深度取决于其输入序列的长度，因此在处理长序列时可以被认为是直接的深度网络；对后者，循环神经网络的深度取决于其链式连接的数量。单链的循环神经网络可以被认为是"单层"的。RNN 能够以多种方式由单层加深至多层，其中最常见的策略是使用堆叠的循环单元。

### 2.1.5 自编码器

自编码器 (Autoencoder, AE)[146] 是一类在半监督学习和无监督学习中使用的人工神经网络 (Artificial Neural Network, ANN)，其功能是通过将输入信息作为学习目标，对输入信息进行表征学习 (Representation Learning)。

自编码器包含编码器 (Encoder) 和解码器 (Decoder) 两部分。按学习范式，自编码器可以被分为收缩自编码器 (Contractive Autoencoder)、正则自编码器 (Regularized Autoencoder) 和变分自编码器 (Variational Autoencoder, VAE)，其中前两者是判别模型，后者是生成模型。按结构类型，自编码器可以是前馈结构或递归结构的神经网络。

自编码器具有一般意义上表征学习算法的功能，被应用于降维 (Dimensionality Reduction) 和异常值检测 (Anomaly Detection)。包含卷积层结构的自编码器可被应用于计算机视觉问题，包括图像降噪 (Image Denoising)、神经风格迁移 (Neural Style Transfer) 等。

自编码器是一个输入和学习目标相同的神经网络，其结构分为编码器和解码器两部分。给定输入空间和特征空间，自编码器求解两者的映射使输入特征的重建误差最小[146]：

$$f : \mathcal{X} \to \mathcal{F}$$
$$g : \mathcal{F} \to \mathcal{X} \qquad (2.5)$$
$$f, g = \arg\min_{f,g} \|\boldsymbol{X} - g[f(\boldsymbol{X})]\|^2$$

求解完成后，由编码器输出的隐含层特征，即"编码特征"(Encoded Feature) 可视为输入数据的表征。按自编码器的不同，其编码特征可以是输入数据的压缩 (收缩自编码器)、稀疏化 (稀疏自编码器) 或隐变量模型 (变分自编码器) 等。

## 2.2 图数据

### 2.2.1 生活生产中的图数据

生活生产中,图数据广泛存在并应用于各种场景,如技术网络、社会网络、信息网络和生物网络等。

其中,技术网络[147]包括但不限于计算机网络、电力网络、交通网络等。例如,计算机网络拓扑:在计算机网络中,图数据结构用于表示路由器、交换机、服务器等网络设备的连接关系。通过分析网络拓扑结构,可以评估网络的连通性、冗余性和性能瓶颈,从而优化网络设计和故障排除。电力网络分析:在电力系统中,图数据用于表示发电站、变电站、输电线路等组件的连接关系。通过对电力网络进行图分析,可以识别电网的薄弱环节和潜在故障点,以预测和防止电力中断,提高电力系统的可靠性和稳定性。交通网络优化:交通网络,如道路、铁路和航空网络,可以用图数据结构表示。通过分析交通网络的流量、路径和拥堵情况,可以优化交通规划、路线设计和交通控制,提高交通效率和减少拥堵。供应链网络管理:供应链网络涉及供应商、生产商、分销商和消费者之间的复杂关系。图数据可以帮助可视化和管理供应链网络,识别关键节点和依赖关系,以优化库存管理、物流计划和风险管理。软件工程中的依赖关系:在软件开发中,代码库和组件之间的依赖关系可以用图数据结构表示。通过分析依赖图,可以理解软件系统的结构、模块之间的关系和潜在的错误传播路径,从而指导软件开发和维护。网络安全:图数据在网络安全领域也发挥着重要作用。通过分析网络流量、攻击路径和漏洞之间的关联关系,可以检测异常行为、识别潜在的安全威胁和攻击者的行为模式。综上所述,图数据在技术网络中的应用是多方面的,包括网络拓扑分析、优化设计、故障预测、风险管理等方面。通过使用图算法和图数据库等工具,可以有效地处理和分析大规模的图数据,提取有价值的信息和洞察,以支持技术网络的运营和管理决策。

社会网络[148]主要描述人与人之间的关系,如社交网络、合作网络等。社交网络分析:在社交平台上,用户和用户之间的关系可以构成图数据结构,其中用户是节点,用户之间的好友关系、关注关系等是边。通过对社交网络的图分析,可以理解社区的形成、信息的传播路径、重要用户的识别等,从而优化社交平台的推荐算法、广告投放等。影响力传播:在社会网络中,个体之间的影响力传播可以通过图数据来模拟和预测。例如,通过分析微博或Twitter等平台的用户关系图,可以预测一条信息或一种行为可能传播的范围和速度,这对于营销、舆情监控和公共卫生等领域都有重要价值。推荐系统:基于图数据的推荐算法,如协同过滤和图嵌入方法,可以利用用户的历史行为、兴趣偏好和社交网络关系来推荐相关内容、产品或人。例如,在职业社交平台LinkedIn上,可以通过分析用户的职业背景、技能和人脉关系来推荐合适的职位或商业机会。社区检测：在社会网络中，社区是指具有相似兴趣、背景或关系的个体集合。通过分析图数据，可以检测到这些社区结构，理解社区之间的互动和影响，这对于市场分析、政治倾向研究和社会学研究都有重要意义。舆情监控与信息传播：通过分析社会网络中的信息传播路径和情感倾向，可以实时监控舆情、识别热门话题和趋势，以及预测可能的舆论走向。这对于企业危机公关、政策制定和公共安全都有重要价值。犯罪网络分析：警察和安全机构可以利用图数据来分析犯罪网络，如诈骗团伙、贩毒网络等。通过分析嫌疑人之间的关系、资金流动和通信模式，可以揭示犯罪组织的结构和运行机制，从而更有效地打击犯罪。知识图谱：知识图谱是一种特殊的社会网络，它描述了实体(如人、地点、概念)之间的关系。通过构建知识图谱，可以实现智能问答、语义搜索和知识推理等功能，从而提高信息检索和利用的效率。综上所述，图数据在社会网络中的应用是多方面的，涵盖了社交网络分析、影响力传播、推荐系统、社区检测、舆情监控与信息传播、犯罪网络分析和知识图谱等领域。通过使用先进的图算法和图数据库技术，可以有效地处理和分析大规模的图数据，提取有价值的信息和洞察，以支持社会网络的研究和应用。

信息网络[31]涉及信息的传播、链接和引用，如万维网、知识图谱等。在万维网中，网页可以视为节点，而超链接则是边。万维网结构：整个万维网可以看作一个巨大的图，其中网页是节点，而超链接则是边。通过分析这个图的拓扑结构，可以了解网页之间的链接关系、信息流动和网页的重要性，这有助于搜索引擎优化、网页排名和信息检索。搜索引擎：搜索引擎的背后很大程度上依赖于图算法。例如，PageRank算法就是通过分析网页之间的链接关系来确定网页的重要性。通过不断地在图上进行迭代计算，搜索引擎可以为用户提供最相关、最高质量的搜索结果。推荐系统：在电商、视频流媒体或新闻应用中，推荐系统根据用户的历史行为和偏好来推荐相关内容。图数据能够捕捉用户、物品及其之间的关系，从而提供更为精准和个性化的推荐。知识图谱：知识图谱是一种描述实体(如人、地点、概念)及其之间关系的图数据结构。通过构建知识图谱，可以实现智能问答、语义搜索和实体链接等功能，为用户提供更加丰富和关联的信息。语义网络：语义网络利用图数据结构表示词汇、短语或概念之间的语义关系。这种关系可以用于自然语言处理、机器学习和人工智能应用中，帮助机器理解和处理复杂的语言和信息。网络安全：在网络安全领域，图数据用于表示网络流量、攻击路径和漏洞之间的关系。通过分析这些关系，可以检测异常模式、识别潜在的安全威胁和进行风险评估，从而保护信息网络的安全。社交网络中的信息传播：在社交网络中，信息(如新闻、谣言、广告)的传播路径和影响力可以通过图数据结构来模拟和分析。这对于理解信息如何在社会中传播、如何影响人们的观念和行为具有重要意义。物联网与传感器网络：在物联网和传感器网络中，设备和传感器之间的关系，以及它们产生的数据流可以形成图数据结构。通过分析这些图数据，可以监测设备的状态、预测故障和优化数据流的处理和传输。综上所述，图数据在信息网络中的应用是多方面的，覆盖了搜索引擎、推荐系统、知识图谱、语义网络、网络安全、社交网络信息传播及物联网与传感器网络等领域。通过使用先进的图算法和图数据库技术，可以有效地处理和分析这些复杂的图数据，提取有价值的信息和洞察，以支持信息网络的研究和应用。信息网络分析对搜索引擎优化和广告特效等方面具有重要帮助。

生物网络[149] 包括基因调控网络、蛋白质互作网络、代谢网络等。基因调控网络：基因调控网络描述了基因之间的相互作用和调控关系。通过分析这个网络，可以了解基因是如何协同工作来控制生物体的发育和功能的。这对于理解疾病的发生机制、药物设计和合成生物学都有重要意义。蛋白质互作网络：蛋白质互作网络表示蛋白质之间的物理和功能相互作用。通过分析这个网络，可以揭示蛋白质复合物的形成、信号传递路径和生物过程的调控机制。这对于疾病诊断、药物靶标发现和蛋白质功能注释都有重要价值。代谢网络：代谢网络描述了生物体内的代谢反应和代谢物之间的转换关系。通过分析代谢网络，可以了解代谢途径、能量流动和代谢调控，从而研究疾病的发生机制、代谢工程和生物制药等领域。疾病网络：通过构建疾病之间的关系网络，可以揭示疾病之间的相似性、共病性和潜在的病理机制。这对于疾病的分类、预测和预防都有重要意义，同时也可以指导药物的研发和治疗方法的选择。药物–靶标网络：药物–靶标网络表示药物与其作用的生物分子靶标之间的关系。通过分析这个网络，可以理解药物的疗效机制、副作用和药物之间的相互作用，从而指导药物的优化和设计。微生物组网络：微生物组网络描述了微生物种群之间的相互作用和共生关系。通过分析这个网络，可以了解微生物群落的组成、功能和动态变化，对于理解生态系统的稳定性、疾病的发生和传播及微生物资源的利用都有重要意义。脑连接网络：脑连接网络表示大脑中神经元或脑区之间的连接关系。通过分析这个网络，可以揭示神经信息的传递路径、脑功能的组织和神经疾病的机制，对于神经科学、认知科学和脑机接口等领域都有重要价值。综上所述，图数据在生物网络中的应用是多方面的，覆盖了基因调控网络、蛋白质互作网络、代谢网络、疾病网络、药物–靶标网络、微生物组网络和脑连接网络等领域。通过使用先进的图算法和图数据库技术，可以有效地分析这些复杂的生物网络数据，提取生物过程和机制的信息，以支持生物医学研究、药物发现和生物技术应用的发展。

## 2.2.2 图数据的分类

图数据可以分为简单图和复杂图两大类，这两类图的主要区别在于它们的组成和结构的复杂性。

简单图包括静态、同质的成对图结构。所谓静态是指这些图的结构是固定的，不会随时间改变，节点和边的数量及它们之间的连接关系都是恒定的；同质是指在图中所有节点和边都是同一类型。例如，在一个只表示人与人之间关系的社交网络中，所有节点都代表人，边则代表他们之间的关系；而成对关系是指图的每个边都连接两个节点，不存在连接多于两个节点的边。

复杂图包括图异质性、时序性或高阶关联等复杂多维关系，复杂图的结构类型将这些方法分为异质图、动态图和超图三大类。所谓异质图 (Heterogeneous Graph)[4] 是指图中包含多种类型的节点和边，这些节点和边可以表示不同的实体和它们之间的关系。在异质图中，节点和边可以有不同的属性和特征，这使得异质图能够更加丰富和灵活地表示现实世界中复杂多样的关系。与同质图 (Homogeneous Graph) 相比，同质图中的所有节点和边都是同一类型，而异质图则允许存在多种类型的节点和边。这种多样性使得异质图在许多应用中具有更强的表达能力和建模能力。异质图广泛应用于许多领域，如社交网络分析、推荐系统、生物信息学和语义网等。例如，在社交网络中，可以将用户、群组、事件和标签等不同类型的实体建模为异质图的节点，并通过不同类型的边来表示它们之间的关系，从而揭示更复杂的社交结构和行为模式。在算法和方法上，针对异质图的研究也相对丰富，包括基于元路径的相似性度量、异质网络嵌入、异质信息网络中的推荐算法等。

动态图 (Dynamic Graph)[150] 是指图结构会随时间发生变化的图。在动态图中，节点和边可以添加、删除或修改，反映了现实世界中网络结构的动态性和演化性。动态图广泛应用于许多领域，如社交网络分析、交通网络优化、传染病传播等。通过对动态图的研究，可以更好地理解网络结构的演化规律和动态行为，为实际应用提供有力支持。在算法和方法上，针对动态图的研究也涉及多个方面，如动态网络嵌入、动态社区检测、动态网络中的信息传播等。与静态图相比，动态图的处理和分析更加复杂和具有挑战性，因为需要考虑时间维度和网络结构的动态变化。为了有效地处理和分析动态图，研究人员提出了许多方法和算法，包括基于时间窗的方法、基于事件的方法、基于演化的方法等。总之，动态图是一种具有时间维度和网络结构动态变化的复杂图类型，对于理解现实世界中网络结构的演化规律和动态行为具有重要意义，也是当前图数据研究的重要方向之一。

超图 (Hypergraph)[151] 是一种扩展了传统图论中的图 (Graph) 概念的数学结构。在传统图中，边 (Edge) 连接两个节点 (Node)，而在超图中，超边 (Hyperedge)

可以连接多个节点。这使得超图能够表示更复杂的关系和连接模式，不仅限于两两节点之间的连接。超图通常用于建模诸如社交网络中的多重关系、知识图谱中的多重属性等复杂关系结构。超图在许多领域中都有应用，如计算机科学、生物学、社交网络分析、数据库系统等。超图的概念可以帮助解决一些传统图无法解决的问题，更好地描述和理解现实世界中的复杂系统和关系。在超图的研究中，也会涉及超图的构建、表示、算法设计等方面的问题。总之，超图是一种扩展了传统图论中的图概念的数学结构，通过引入超边来表示多个节点之间的关系，从而能够表示更复杂的关系和连接模式。

### 2.2.3 图任务

图上的任务主要可以分为以下几类。

节点分类 (Node Classification)[58]：节点分类是图学习任务中的一种，其目标是为图中的节点分配特定的标签或类别。这通常是通过训练机器学习模型来实现的，该模型能够学习节点的特征及节点之间的关系，并据此预测节点的标签。节点分类在许多应用中都有实际用途，如在社交网络中预测用户的兴趣或行为，或者在生物信息学中预测蛋白质的功能类别。

链接预测 (Link Prediction)[152]：链接预测是图学习任务中的一种，其目标是在给定图中预测缺失的边或未来可能出现的边。具体来说，链接预测算法通过分析图中已有节点的特征和它们之间的关系，来预测哪些节点之间可能存在链接。这种任务在实际应用中非常常见，如在社交网络中推荐可能的好友关系，或者在推荐系统中预测用户可能感兴趣的商品。链接预测算法通常基于节点之间的相似性、网络结构等信息来进行预测。

社区检测 (Community Detection)[153]：社区检测是图学习任务中的一种，旨在发现和分析图中节点的聚集结构，即社区。这些社区通常表示网络中具有相似属性、功能或行为的节点群组。通过社区检测，我们可以更好地理解网络的结构和组织，以及节点之间的关系和交互。社区检测算法的目标是将网络中的节点划分为不同的社区，使得同一社区内的节点之间的连接紧密，而不同社区之间的连接相对稀疏。这有助于揭示网络中的功能模块、社交圈子、主题聚类等。社区检测在许多领域都有广泛应用，如社交网络分析、生物网络研究、推荐系统、网络安全等。例如，在社交网络中，社区检测可以帮助我们发现用户的兴趣群体、社交圈子及信息传播路径；在生物网络中，社区检测可以帮助我们识别蛋白质复合物、功能模块及疾病相关的基因群组。

网络嵌入 (Network Embedding)[154]：是图学习任务中的一种，旨在将网络中的节点表示为低维、实值、稠密的向量形式，同时保留网络的结构和节点间的相似性。这些学习到的向量表示可以用于各种机器学习任务，如图分类、节点分类、链接预测等。网络嵌入的目标是将高维、稀疏的网络数据转换为低维、稠密的向量表示，以便进行机器学习算法的处理和分析。通过学习网络中的节点表示，可以捕获节点之间的相似性和结构信息，并将其编码为实数向量。这些向量可以作为机器学习模型的输入特征，用于分类、回归和聚类等任务。网络嵌入在各种应用中具有广泛的应用价值。例如，在社交网络中，网络嵌入可以用于可视化任务，将网络中的节点以向量的形式展示在二维或三维空间中，以便更直观地观察网络的结构和社群分布。此外，网络嵌入还可以用于节点分类任务，根据节点的向量表示来预测节点的标签或属性。另外，网络嵌入还可以用于链接预测任务，通过分析节点之间的向量相似性来预测未来可能出现的边。

图分类 (Graph Classification)[155]：图分类是图学习任务中的一种，其目标是对整个图进行分类或标注。具体而言，给定一个图数据集，其中每个图都属于一个或多个预定义的类别。图分类任务的目标是训练一个机器学习模型，以自动将新的图实例分配到正确的类别中。图分类在许多领域都有实际应用。例如，在化学领域，图分类可以用于预测分子的化学属性或活性，从而指导新材料的合成或药物的设计。在社交网络分析中，图分类可以用于识别不同类型的社交网络，如兴趣社区、职业网络等。在图像处理和计算机视觉中，图分类可以用于对图像中的对象进行识别和分类。为了完成图分类任务，通常需要提取图的结构特征、节点属性和拓扑信息等，并将其编码为机器学习算法可以处理的格式。各种图嵌入技术和图神经网络也被广泛应用于图分类任务中，以学习图的形式表示并提高其分类性能。

最短路径计算 (Shortest Path Computation)[156]：最短路径计算是图论和图学习任务中的一项重要任务，旨在找出图中两个节点之间的最短路径。最短路径是指连接两个节点的边数最少的路径，也可以是最小权重的路径，其中权重可以表示距离、时间或其他成本。最短路径计算在许多领域都有实际应用。例如，在交通网络中，最短路径计算可以用于规划最短路线，以最小化旅行时间和成本。在社交网络中，最短路径计算可以用于衡量两个用户之间的紧密程度或距离。在通信网络中，最短路径计算可以用于确定数据包在网络中的最佳路由。为了计算最短路径，可以使用各种算法，如 Dijkstra 算法、Bellman-Ford 算法、Floyd 算法等。这些算法基于图的拓扑结构和节点之间的连接关系来确定最短路径。此外，还可以使用启发式搜索方法和近似算法来加速最短路径计算，特别是在大规模图中。总之，最短路径计算是图论和图学习任务中的一项基本任务，具有广泛的应用价值。通过计算最短路径，我们可以更好地理解图的结构和节点之间的关系，并将其应用于各种实际场景中。

中心性分析 (Centrality Analysis)[157]：中心性分析是图论和图学习任务中的一项重要任务，旨在分析图中节点的重要性或中心地位。中心性分析可以衡量节点在图中的影响力、活跃性或连通性等方面的重要性。

中心性分析可以通过各种中心性指标来进行,如度中心性、介数中心性、接近中心性、特征向量中心性等。这些指标基于节点之间的连接关系、路径长度、邻居节点数量等因素来评估节点的中心性。度中心性考虑节点的直接连接数,介数中心性衡量节点在图中所有最短路径中出现的频率,接近中心性考虑节点到其他节点的平均最短路径长度,而特征向量中心性则基于邻居节点的中心性来计算节点的中心性。通过中心性分析,可以识别出在网络中起关键作用的节点,如社交网络中的影响者、交通网络中的枢纽节点、生物网络中的重要基因等。这些关键节点在网络中具有重要的影响力和地位,对网络的结构和功能起着决定性作用。中心性分析在许多领域都有广泛应用,如社交网络分析、物流和供应链管理、通信网络优化等。通过中心性分析,我们可以更好地理解网络的结构和动态行为,为决策和优化提供依据。总之,中心性分析是图论和图学习任务中的一项关键任务,用于评估节点在图中的重要性和影响力。通过对节点的中心性进行分析和比较,我们可以深入了解网络的结构和功能,揭示隐藏在网络中的关键信息和规律。

子图匹配 (Subgraph Matching)[158]:子图匹配是图论和图学习任务中的一项重要任务,旨在在一个大图中查找与给定小图 (查询图) 同构或同态的所有子图。子图匹配的目标是找到大图中与查询图在结构和节点属性上相匹配的所有子图。子图匹配在许多领域都有实际应用。例如,在化学领域,子图匹配可以用于在分子数据库中搜索与给定分子结构相似的分子。在社交网络分析中,子图匹配可以用于查找与给定社交模式相似的子网络,从而揭示社交网络中的隐藏结构和关系。在生物信息学中,子图匹配可以用于在蛋白质相互作用网络中查找与特定功能相关的蛋白质复合物。为了进行子图匹配,可以使用各种算法和技术,如基于回溯的搜索算法、基于索引的方法、基于图神经网络的方法等。这些算法和方法旨在有效地在大图中搜索与查询图匹配的所有子图,同时考虑到图的规模和复杂性。子图匹配任务可以分为子图同构匹配和子图同态匹配两种类型。子图同构匹配要求大图中的子图与查询图在结构和节点属性上完全匹配,而子图同态匹配则允许节点属性的映射存在一定的灵活性。总之,子图匹配是图论和图学习任务中的一项关键任务,用于在大图中搜索与给定查询图相似的子图。通过子图匹配,我们可以揭示图中的隐藏结构和关系,从而深入理解图数据的组织和语义。

流网络分析 (Flow Network Analysis)[159]:流网络分析是图论和网络分析领域中的一种任务,旨在分析网络中的流量和流动模式。在流网络中,节点和边表示网络中的实体和它们之间的连接关系,而流量则表示在这些连接上流动的实体或信息。流网络分析的主要任务是研究网络中的流量分布、路径选择、流量瓶颈及流量控制等问题。通过对这些问题进行研究和分析,可以更好地理解网络的结构和行为,优化网络的设计和管理。在带有流量信息的图中,计算最大流、最小割等,这在网络流优化、交通网络规划等方面有应用。

**鲁棒性分析 (Robustness Analysis)**[160]:鲁棒性分析是图上的任务之一,旨在评估图或网络在面对各种异常情况时的稳定性和可靠性。鲁棒性是指系统在面对噪声、扰动、异常输入或边缘情况时,仍能精确地完成其预期的功能和任务的能力。在鲁棒性分析中,我们关注的是图或网络在面对各种异常情况时的表现,如节点或边的故障、攻击、噪声等。通过评估图在这些异常情况下的性能和稳定性,可以了解图的鲁棒性和适应能力,从而为图的设计和管理提供指导。鲁棒性分析可以通过各种方法和技术来进行,如模拟仿真、攻击测试、敏感性分析等。模拟仿真可以模拟各种异常情况,并评估图在这些情况下的性能。攻击测试可以通过模拟恶意攻击来评估图的防御能力和恢复能力。敏感性分析可以评估图对参数变化或噪声的敏感度,以了解图的稳定性和可靠性。鲁棒性分析在许多领域都有广泛应用,如通信网络、交通网络、生物网络等。在这些领域中,图的稳定性和可靠性对于系统的正常运行和性能至关重要。通过进行鲁棒性分析,可以揭示图中的脆弱点和瓶颈,从而采取措施来加强图的鲁棒性和适应能力。总之,鲁棒性分析是图上的任务之一,旨在评估图在面对各种异常情况时的稳定性和可靠性。通过进行鲁棒性分析,可以更好地理解图的结构和行为,为图的设计和管理提供指导,从而确保图在各种环境和条件下都能正常、可靠地运行。

总的来看,这些任务涵盖了图数据处理的多个方面,从基础的图算法到复杂的机器学习应用,都有广泛的研究和应用价值。

## 2.3 图神经网络方法

### 2.3.1 图卷积神经网络

图卷积神经网络 (Graph Convolutional Neural Network,GCN)[47] 方法主要包括基于谱的方法和基于空间的方法。

基于谱的方法:通过傅里叶变换将图数据转换到谱域,然后在谱域进行卷积操作。这种方法可以利用图的拉普拉斯矩阵进行特征分解,从而得到图的谱表示。在谱域进行卷积操作可以有效地捕捉到图中的全局结构信息。然而,基于谱的方法需要计算拉普拉斯矩阵的特征分解,对于大规模的图数据来说计算复杂度较高。
基于空间的方法:直接在图的空间域进行卷积操作,不需要进行傅里叶变换。这种方法通过聚合邻居节点的信息来更新目标节点的表示,可以捕捉到图中的局部结构和特征。基于空间的方法可以分为两大类:一类是基于邻接矩阵的方法,另一类是基于注意力机制的方法。前者通过邻接矩阵来定义节点之间的连接关系,然后进行卷积操作;后者则通过计算节点之间的注意力权重来确定邻居节点对目标节点的影响,从而进行卷积操作。这种方法可以更加灵活地捕捉到图中的复杂模式和结构。其中，图卷积神经网络中的图卷积操作可以分为三个步骤：发射 (Send)、接收 (Receive) 和变换 (Transform)。发射阶段，每个节点将自身的特征信息经过变换后发送给邻居节点，这是对节点的特征信息进行抽取变换；接收阶段，每个节点将邻居节点的特征信息聚集起来，这是对节点的局部结构信息进行融合；变换阶段，把前面的信息聚集之后做非线性变换，增加模型的表达能力。

### 2.3.2 图注意力网络

图注意力网络 (Graph Attention Network，GAT)[51] 是一种基于注意力机制的神经网络方法，用于处理图数据。它的关键思想是，通过计算节点之间的注意力权重，来确定邻居节点对目标节点的影响，从而进行卷积操作。

具体地说，图注意力网络的方法包括以下几个步骤。

① 计算注意力系数：对于每个目标节点，计算其与邻居节点之间的注意力系数。这个系数可以通过一个共享的注意力机制来计算，该机制考虑了节点之间的特征相似性和结构相似性。② 聚合邻居信息：使用计算出的注意力系数，对邻居节点的特征信息进行加权平均，以得到聚合后的邻居信息。这个过程可以看作对邻居节点的信息进行有选择性的聚合。③ 更新节点表示：将目标节点的表示与聚合后的邻居信息进行合并，以得到更新后的节点表示。这个过程可以看作对目标节点的信息进行更新和丰富。④ 堆叠多个图注意力层：通过堆叠多个图注意力层，可以捕捉到图中更复杂的结构和特征。每个图注意力层都会更新节点的表示，并将其传递给下一层。随着层数的增加，节点可以捕捉到更远距离的邻居信息，从而学习到更复杂的特征和模式。总的来说，图注意力网络通过引入注意力机制，可以更加灵活地捕捉到图中的复杂模式和结构，从而提高对图数据的处理和分析能力。这种方法被广泛应用于各个领域，如推荐系统、社交网络分析、生物信息学等。

需要注意的是，在实际应用中，需要根据具体的问题和数据特点来选择合适的网络结构和参数设置，并进行充分的验证和测试。

### 2.3.3 图自编码器

图自编码器 (Graph Autoencoder)[161] 是一种用于图数据无监督学习的神经网络方法。其目的是学习到图数据的有效表示，以便用于后续的任务，如图分类、节点分类、链接预测等。

图自编码器的基本思想是利用编码器将图数据映射到一个低维空间，然后使用解码器将其重构回原始空间。在训练过程中，通过最小化重构误差来学习编码器和解码器的参数，从而得到图数据的有效表示。

具体来说，图自编码器可以分为两个部分：编码器和解码器。编码器：将图数据中的节点映射到低维向量空间。这个过程可以看作对节点的特征信息进行压缩和提取。通常，编码器可以使用图卷积神经网络 (GCN) 或图注意力网络 (GAT)

等图神经网络来实现。解码器：将低维向量空间中的节点映射回原始的图数据空间。这个过程可以看作对压缩后的特征信息进行解码和重构。解码器通常使用内积解码器或基于相似度的解码器来实现。在训练过程中，图自编码器通过最小化重构误差来学习编码器和解码器的参数。这个重构误差可以定义为原始图数据和重构图数据之间的差异，如均方误差 (MSE) 或交叉熵损失等。为了学习到更加有效的表示，还可以在训练过程中加入正则化项，如 L1 或 L2 正则化等。

通过训练图自编码器，可以得到图数据中节点的有效表示，这些表示可以用于后续的任务，如图分类、节点分类、链接预测等。同时，图自编码器也可以用于图数据的可视化和降维，以便更好地理解和分析图数据的结构和特征。

图自编码器的升级版是图变分自编码器 (Variational Graph Autoencoder, VGAE)：在图自编码器的基础上，引入了变分推理的思想，将节点的潜在表示建模为一个概率分布，而不是一个确定性的值。具体来说，VGAE 通过编码器将图数据映射到多维高斯分布的参数空间，然后使用解码器从该分布中采样得到节点的潜在表示。在训练过程中，除了最小化重构误差，还需要最大化变分下界来学习编码器和解码器的参数。通过这种方法学习到的节点表示具有不确定性，即对于给定的输入，输出的节点表示是从一个概率分布中采样得到的。相比于图自编码器，图变分自编码器具有更强的表达能力和更好的泛化性能。通过引入概率建模和变分推理，VGAE 可以学习到更加复杂的节点表示，并且可以更好地处理节点之间的不确定性。此外，VGAE 还可以通过采样得到多个节点表示，用于评估模型的不确定性和进行后续的任务。

## 2.4 图神经网络的应用

### 2.4.1 在计算机视觉领域的应用

图神经网络 (Graph Neural Network，GNN) 在计算机视觉领域有着广泛的应用。传统的深度学习模型 (如卷积神经网络) 通常将数据视为网格结构 (如图像中的像素网格)，而 GNN 则更适用于处理非结构化数据，如图像的像素不一定具有固定的邻居关系，或者是基于图结构的数据，如社交网络、推荐系统、分子结构等。下面介绍一些应用场景。场景图生成：图神经网络可以用于生成场景图，通过对图像中的对象及其关系进行建模，将图像转化为图结构数据，便于后续处理和分析。点云分类与分割：点云是一种重要的三维数据表示方式，在计算机视觉中有广泛应用。图神经网络可以用于对点云数据进行分类和分割，提取点云中的有用信息。动作识别：图神经网络可以用于动作识别，通过对视频序列进行建模，识别出其中的人体动作，实现人机交互、智能监控等应用。图像分类和目标检测：通过利用图神经网络对图像中的对象和关系进行建模，可以提高图像分类和目标检测的准确性和效率，实现更加智能的图像处理和分析。除了以上应用，图神经网络在计算机视觉领域还有很多其他的应用方向，如三维重建、人脸识别等。随着深度学习技术的不断发展，图神经网络在计算机视觉领域的应用也将越来越广泛和深入。

### 2.4.2 在自然语言处理领域的应用

传统的自然语言处理方法通常会将文本表示为线性序列，如词袋模型或者序列模型 (如循环神经网络和 Transformer)。而 GNN 则更适用于处理非线性结构化数据，如基于语言结构的树形或图形表示。以下是图神经网络在自然语言处理领域的一些常见应用文本分类：图神经网络可以通过对文本进行建模，提取文本中的语义关系和结构信息，从而提高文本分类的准确性和效率。信息抽取：图神经网络可以从非结构化文本中提取出结构化信息，如实体、关系、事件等，便于后续的信息处理和分析。① 问答系统：图神经网络可以用于构建问答系统，通过对问题和答案进行建模，实现更加准确和智能的问答交互。② 情感分析：图神经网络可以通过对文本中的情感进行建模和分析，识别出文本中的情感倾向和情感表达，从而实现更加准确和细致的情感分析。③ 推荐系统：图神经网络可以利用用户和物品之间的关系，构建用户–物品图，从而实现对用户的个性化推荐。④ 语义角色标注：图神经网络可以用于语义角色标注，识别句子中的语义角色和关系，从而更加深入地理解句子的语义含义。⑤ 事件抽取：图神经网络可以从文本中抽取出事件信息，包括事件类型、事件论元等，便于后续的事件分析和处理。总之，图神经网络在自然语言处理领域有着广泛的应用前景，可以帮助我们更加深入和准确地理解文本数据，实现更加智能的自然语言处理应用。

### 2.4.3 在生物化学领域的应用

生物化学领域中的数据通常具有复杂的图结构，如分子的化学结构可以被表示为图，其中原子是节点，化学键是边。GNN 可以有效地处理这种结构化数据，并在诸如药物发现、蛋白质结构预测、代谢途径分析等方面发挥重要作用。以下是图神经网络在生物化学领域的一些典型应用：① 药物发现。通过对已知药物的化学结构和活性进行建模，图神经网络可以预测新的化学分子是否具有某种生物活性，从而加速药物的发现和开发。② 蛋白质结构预测。通过对蛋白质的结构进行建模，图神经网络可以预测蛋白质的功能和相互作用，有助于解析生命现象；还可以预测蛋白质–配体结合亲和力，对于新药研发和疾病治疗有重要意义。③ 基因调控网络分析。通过对基因调控网络进行建模，图神经网络可以识别出关键基因和调控关系，有助于解析疾病的发生和发展机制。④ 代谢网络分析。通过对代谢网络进行建模，图神经网络可以预测代谢物的生成和消耗，有助于解析生物体的代谢过程和调控机制。⑤ 生物标志物识别。通过对疾病相关的生物标志物进行建模，图神经网络可以识别出具有潜在临床价值的生物标志物，有助于疾病的早期诊断和治疗。⑥ 合成生物学。通过对生物合成路径进行建模，图神经网络可以设计出更加高效的合成路径和调控策略，有助于合成生物学的发展和应用。⑦ 酶工程。图神经网络可以用于酶的理性设计和改造，从而提高酶的稳定性和活性，有助于酶工程的发展和应用。总之，图神经网络在生物化学领域有着广泛的应用前景，可以帮助我们更加深入和准确地理解生命过程和疾病机制，实现更加智能的生物化学研究和应用。

### 2.4.4 在物理学领域的应用

图神经网络在物理学领域也有广泛的应用，特别是在建模复杂系统、预测物理性质和设计新材料方面。物理学中的许多问题可以被表示为图形，其中节点代表粒子或系统的组成部分，边表示它们之间的相互作用。GNN 能够有效地处理这种复杂的图结构，并从中提取有用的信息。以下是图神经网络在物理学领域的一些典型应用：① 分子动力学模拟。通过对分子之间的相互作用进行建模，图神经网络可以模拟分子的动力学行为，从而预测分子的运动和变化。② 物质性质预测。通过对物质的原子结构和电子结构进行建模，图神经网络可以预测物质的物理和化学性质，如弹性、导电性、化学反应性等。③ 量子计算。通过对量子系统进行建模，图神经网络可以模拟量子计算过程，从而加速量子算法的开发和优化。④ 粒子相互作用分析。通过对粒子之间的相互作用进行建模，图神经网络可以分析粒子的运动和相互作用规律，有助于深入理解物质的本质和行为。⑤ 物理系统控制。通过对物理系统进行建模和控制，图神经网络可以实现物理系统的智能化控制，如机器人的运动控制、电力系统的优化调度等。⑥ 流体力学模拟。图神经网络可以用于流体力学模拟，通过对流体中的粒子运动进行建模和计算，可以预测流体的运动状态和变化。⑦ 材料设计。通过对材料的原子结构和性质进行建模和预测，图神经网络可以指导材料的设计和合成，从而开发出具有特定功能的新材料。总之，图神经网络在物理学领域有着广泛的应用前景，可以帮助我们更加深入和准确地理解物质的本质和行为，实现更加智能的物理研究和应用。

需要注意的是，将图神经网络应用于物理学领域时，需要考虑物理问题的具体特点和需求，选择合适的网络结构和算法，并进行充分的验证和测试。

## 2.5 本章小结

本章对图神经网络相关的知识进行了全面的介绍，包括神经网络的基础、图数据、代表性的图神经网络方法及图神经网络的应用。这些内容涵盖了图神经网络的基本概念、原理、技术和实践，为读者提供了一个全面的学习和了解图神经网络的框架。

通过本章的学习，读者可以深入了解图神经网络的基本思想和原理，掌握图神经网络的基本方法和技术，以及了解图神经网络在各个领域的应用和发展。这有助于读者更好地理解和应用图神经网络，并利用其解决实际问题，推动相关领域的发展。

同时，本章也为读者提供了一个进一步学习和探索图神经网络的起点，读者可以根据自己的兴趣和需求，深入学习相关的理论和技术，探索图神经网络在各个领域的应用和发展。总之，本章为读者提供了一个全面、系统、深入地学习和了解图神经网络的平台和资源。

# 第 3 章 基于混合阶的图神经网络模型

图神经网络在半监督学习领域已经取得了突破性的进展。然而,现有的图神经网络学习方法面临着深度加深模型退化的挑战。随着神经网络深度的加深,节点的表示混杂导致不能区分,这限制了节点从远距离且信息丰富的节点获取信息的能力。为了解决这个问题,本章提出了一种新的端到端的集成框架,即基于混合阶的图神经网络模型。该模型由两个模块组成:模块一基于多个不同阶的邻接矩阵构造了多个简单浅层的图神经网络学习器,直接捕获节点间的不同阶连通性,从而缓解由于堆叠多个消息传递层而导致过平滑和浅层网络表达受限的问题;为了有效地组合来自多个图神经网络学习器的结果,模块二设计了一个结合未标记节点伪标记的负相关学习集成模块以融合在不同阶邻接矩阵上学到的表示,充分利用了伪标记的信息。本章在三个公共基准数据集上进行了实验,从而评估了所提出的模型在半监督节点分类任务中的性能。实验结果表明,通过不同阶近邻和伪标记信息的增强,所提出的混合阶图神经网络模型可以精细地刻画出不同阶近邻的表达,进而提升模型的预测精度。

## 3.1 引言

机器学习算法的成功取决于数据的表示[162]。深度学习[163]是最成功的表示学习方法[164-168]。而大多数深度学习模型是在有监督的环境下工作的,其中训练样本的标签是已知的。在实际应用中,获取训练样本的标签是非常困难且昂贵的。因此,在标记样本极其稀缺的情况下,深度学习很难获得性能的提升。

在许多实际任务中,未标记的样本数量巨大。因此,作为利用未标记样本的主要范式之一,半监督学习 (Semi-Supervisive Learning,SSL)[169,170] 受到了广泛的关注。在半监督学习模型中,基于图的方法,特别是图神经网络[47]方法被证明是最有效的方法。基于图神经网络的方法使用消息传递方案,其中各个节点均聚合来自其相邻节点的特征以更新其自身的特征向量。在 $K$ 轮消息传递之后,或者当图神经网络的深度增加到 $K$ 层时,节点可以从图中最多 $K$ 跳的节点聚合信息。

尽管图神经网络的方法已经取得了巨大的成功,但当标记的训练节点很少时,基于图神经网络的方法分类性能会迅速下降。性能下降主要是由于以下两个原因引起的:首先,图神经网络根据采用的消息传递机制,通过增加层数来探索节点的不同邻居信息。随着深度的增加,基于图神经网络的方法将来自不同邻居节点的特征混合在一起,无法区分。这种现象被文献 [78] 解释为过平滑问题,即使是 $K$ 取很小的值 (低至 $K = 3$) 也可以观察到。然而,当深度太小时,很难从距离远但信息丰富的节点 (当前节点的邻居的远程跳数) 中获取信息。其次,大多数基于图神经网络的方法仅利用未标记节点的特征信息,包含有关数据分布的重要信息的伪标签并没有得到充分利用。总之,这两个缺点限制了有效地将节点特征信息传播到图中其他节点的能力,从而导致模型的可训练性和表达性较差。

基于上述分析,构建图神经网络模型的关键在于有效地探索和组合来自不同邻域连接的信息。本章提出了一种新的端到端集成的框架,即基于混合阶的图神经网络。首先,通过提前构造多阶邻接矩阵替代通过增加层数来探索节点的各种邻居信息的方法。如图 3.1 展示的 1 阶、2 阶和 3 阶关系中,不同阶次的邻居关系图反映了节点的不同连接 (最近邻居)。其次,在每个特定阶邻接矩阵上,构造了一个简单的浅层图神经网络 (如层数为 2 的图卷积神经网络)。通过这种策略可以直接从多个图神经网络学习器处获得基于各种邻居关系 (或感受域) 的节点表示,从而缓解由于堆叠多个消息传递层而导致的过平滑和浅层网络表达受限的问题。再次,引入集成学习以融合图神经网络学习器的结果是很自然的。一般来说,基学习器的平均准确度和多样性越高,集成效果越好。因此,为了有效地融合多个图神经网络学习器的结果,且受负相关集成学习[171] 的启发,本章设计了一个结合未标记节点伪标记的负相关学习集成模块。该集成模块与未标记节点的伪标记相结合,可以最大限度地提高图神经网络学习器在标记节点上的准确性,同时使得未标记节点上的预测存在一定的多样性。最后,本章进行了大量实验以验证所提出方法的性能。总的来说,本章的主要贡献可总结如下。

图 3.1　1 阶、2 阶和 3 阶图的示例

(1) 本章提出了一种用于半监督节点分类的混合阶图神经网络模型,该模型将多个浅层的图神经网络学习器在不同阶邻接矩阵上训练的结果结合起来,从而提高了半监督节点分类的性能。

(2) 所提出的模型可以直接获得基于各种邻居关系的节点表示,缓解了由于堆叠多个消息传递层而导致的过平滑和浅层网络表达受限的问题。

(3) 在集成模块中，所提出的模型可以充分利用未标记节点的伪标签来增强图神经网络学习器之间的多样性，进一步提升了模型的性能。

本章的其余部分组织如下：3.2 节介绍了所提出的模型的总体框架及两个主要模块；3.3 节通过实验评估了所提出模型的性能；3.4 节对本章的内容进行了总结。

## 3.2 基于混合阶的图神经网络模型介绍

本节首先介绍本章使用的符号和定义，然后介绍所提出的混合阶图神经网络。具体来说，本章构造了多个浅层的图神经网络学习器，这些学习器在不同阶次的邻接矩阵上进行训练。然后提出了一个新的集成模块来整合基学习器的结果，以实现标记节点的精度和未标记节点伪标记的多样性之间的平衡。

### 3.2.1 符号及其含义

本章将无向图定义为 $\mathcal{G} = (V, E, \boldsymbol{X})$，其中 $V = \{v_1, v_2, \cdots, v_N\}$ 代表节点的集合，$N$ 代表节点的数量；$E$ 代表边的集合，其中 $e_{i,j} = <v_i, v_j> \in E$ 表示节点 $v_i$ 和 $v_j$ 之间的连边。$\mathcal{G}$ 的结构可以用邻接矩阵 $\boldsymbol{A} = \{a_{i,j}\} \in \mathbb{R}^{N \times N}$ 来表示，其中 $a_{i,j}$ 为邻接矩阵 $\boldsymbol{A}$ 在第 $i$ 行和第 $j$ 列的元素，且如果 $e_{i,j} \in E$，则 $a_{i,j} = 1$，否则 $a_{i,j} = 0$。此外，我们用 $\boldsymbol{X} \in \mathbb{R}^{N \times F}$ 来表示节点属性矩阵，其中 $F$ 为节点属性的特征维数，且 $\boldsymbol{x}_i \in \mathbb{R}^F$ 表示矩阵 $\boldsymbol{X}$ 的第 $i$ 行。矩阵 $\boldsymbol{D} = \mathrm{diag}(d_1, d_2, \cdots, d_N) \in \mathbb{R}^{N \times N}$ 是邻接矩阵 $\boldsymbol{A}$ 的度矩阵，其中 $d_i = \sum_{v_j \in V} a_{i,j}$ 表示节点 $v_i$ 的度数。

对于半监督学习来说，本章用 $X_L = \{(\boldsymbol{x}_i, y_i)\}_{i=1}^{L}$ 来表示 $L$ 个有标记样本，用 $X_U = \{\boldsymbol{x}_j\}_{j=L+1}^{L+U}$ 来表示 $U$ 个未标记样本，$N = L + U$ 且 $y_i \in \{1, 2, \cdots, C\}$ 表示第 $i$ 个样本的标记，其中 $C$ 代表类别数目。在图半监督学习 (Graph-based Semi-Supervised Learning, GSSL) 中，仅有一部分节点 $V_L \subset V$ 是有标记的。通常，$|V_L| \ll |V|$。图半监督学习的目的就是通过使用节点属性矩阵 $\boldsymbol{X}$，有标记的节点 $V_L$，以及邻接矩阵 $\boldsymbol{A}$ 来预测未标记节点 $V_U = V - V_L$ 的标记。

为了便于讨论，节点的类标签以矩阵的形式表示：本章使用 $\boldsymbol{Z} = \{z_{i,c}\} \in \{0, 1\}^{N \times C}$ 来表示标签矩阵：

$$z_{i,c} = \begin{cases} 1, & i = 1, 2, \cdots, L, y_i = c \\ 0, & \text{其他} \end{cases}$$

并使用 $\tilde{\boldsymbol{Z}} = \{\tilde{z}_{i,c}\} \in \mathbb{R}^{N \times C}$ 来表示预测的标签矩阵，$\tilde{z}_{i,c}$ 表示第 $i$ 个节点属于第 $c$ 个类别的程度。

### 3.2.2 总体框架

混合阶图神经网络模型的总体架构如图 3.2 所示。该模型以邻接矩阵 $\boldsymbol{A}$ 和节点属性矩阵 $\boldsymbol{X}$ 作为输入。之后，构造了 $m$ 个不同阶 $\{\boldsymbol{A}^{(1)}, \boldsymbol{A}^{(2)}, \cdots, \boldsymbol{A}^{(m)}\}$ 的邻接矩阵 (为了简单起见，图中 $m=3$)。然后，基于这些矩阵构造多个浅层的图神经网络学习器，以获得每个分支的初始结果。最后，利用集成模块组合多分支结果，得到最终的标签。在图中，红色和黑色实心点表示两个类别的标记节点，白色空心点表示图中未标记的节点，节点颜色的暗度表示节点属于相应类别的程度。因此，提出的模型由两个主要模块组成：基于图卷积神经网络学习器模块和集成模块。

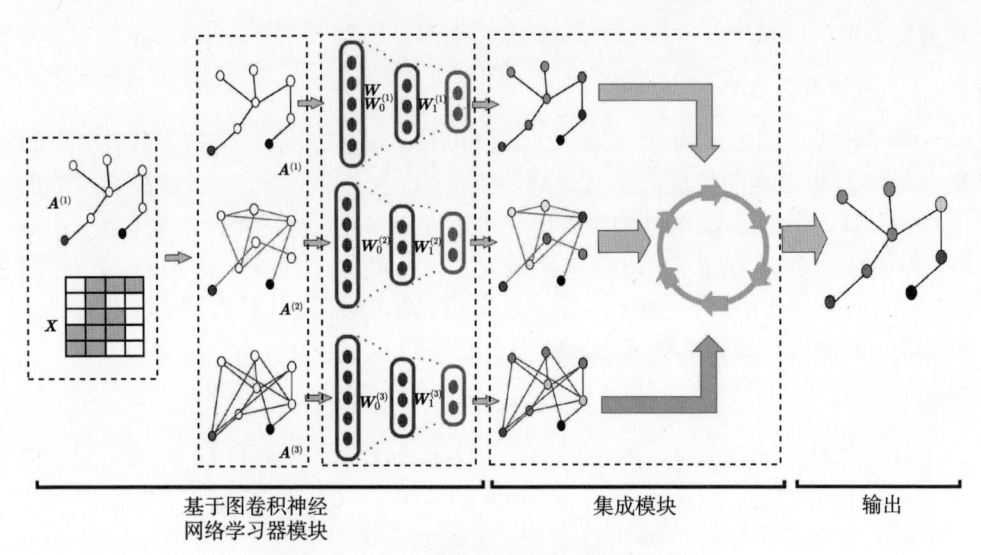

图 3.2 混合阶图神经网络模型的总体架构

注：本图彩色版见本书彩插。

(1) **基于图卷积神经网络学习器模块**：混合阶图神经网络模型使用多个不同阶邻接矩阵构造多个浅层的图神经网络学习器。通过这种策略，我们可以直接从多个学习器获得基于不同邻居关系的节点表示。

(2) **集成模块**：所提出的集成模块是一个集成组件，该组件融合多个基学习器的结果，最大限度地提高图神经网络学习器在标记节点上的准确性，同时使得未标记节点的伪标记存在一定的多样性。

### 3.2.3 基于图卷积神经网络学习器模块

混合阶图神经网络模型的关键部分在于从邻居的各种关系中探索知识，从而使得近邻信息不混杂。为了扩大每个节点的学习范围，本节首先构造了多个不同阶次的邻接矩阵，这些矩阵直接表示节点之间的不同近邻关系。然后基于这些邻接矩阵构造多个浅层的图神经网络学习器，使每个节点能够直接从不同的邻居关系中学习节点表示。

#### 3.2.3.1 构建混合阶邻接矩阵

本节采用文献 [31] 中构建高阶邻接矩阵的方式，其将 2 阶邻接矩阵的定义如下：$a_j$ 表示 1 阶邻接矩阵 $\boldsymbol{A}^{(1)}$ 的第 $j$ 行，$a_{i,j}^{(2)}$ 表示 2 阶邻接矩阵 $\boldsymbol{A}^{(2)}$ 在 $i$ 行和 $j$ 列的元素，则 $a_{i,j}^{(2)}$ 的数学定义为

$$a_{i,j}^{(2)} = \boldsymbol{a}_i^{\mathrm{T}} \boldsymbol{a}_j, \forall i, j \in \{1, 2, \cdots, N\}$$

根据这个定义，可以很容易地计算 $m$ 阶邻接矩阵 $\boldsymbol{A}^{(m)}$，其计算公式如下：

$$\boldsymbol{A}^{(m)} = \boldsymbol{A}^{(m-1)} \boldsymbol{A}^{(1)} \tag{3.1}$$

通过将原始邻接矩阵进行扩充可以得到一系列多阶邻接矩阵 $\left\{\boldsymbol{A}^{(1)}, \boldsymbol{A}^{(2)}, \cdots, \boldsymbol{A}^{(m)}\right\}$，从而达到利用这些邻接矩阵直接表示节点之间的各种关系的目的。

#### 3.2.3.2 构建混合阶图卷积神经网络

给定节点属性矩阵 $\boldsymbol{X}$ 和多阶邻接矩阵 $\left\{\boldsymbol{A}^{(1)}, \boldsymbol{A}^{(2)}, \cdots, \boldsymbol{A}^{(m)}\right\}$，混合阶图神经网络分别构造了多个浅层的图神经网络学习器。我们采用卷积神经网络 (GCN)[47] 作为基学习器。因此，第 $k$ 个学习器 $f_k(1 \leqslant k \leqslant m)$ 是一个简单的两层图卷积神经网络，其在 $\boldsymbol{A}^{(k)}$ 上进行训练：

$$f_k = \mathrm{softmax}\left(\tilde{\boldsymbol{A}}_\mathrm{s}^{(k)} \mathrm{ReLU}\left(\tilde{\boldsymbol{A}}_\mathrm{s}^{(k)} \boldsymbol{X} \boldsymbol{W}_0^{(k)}\right) \boldsymbol{W}_1^{(k)}\right) \tag{3.2}$$

式中，$\tilde{\boldsymbol{A}}_\mathrm{s}^{(k)} = \tilde{\boldsymbol{D}}^{(k)-\frac{1}{2}} \tilde{\boldsymbol{A}}^{(k)} \tilde{\boldsymbol{D}}^{(k)-\frac{1}{2}}$，同时 $\tilde{\boldsymbol{A}}^{(k)} = \boldsymbol{A}^{(k)} + \boldsymbol{I}$。相应的度矩阵为 $\tilde{\boldsymbol{D}}^{(k)} = \boldsymbol{D}^{(k)} + \boldsymbol{I}$。$\boldsymbol{W}_0^{(k)}$ 和 $\boldsymbol{W}_1^{(k)}$ 为第 $k$ 个学习器不同层图神经网络的权重矩阵。$\mathrm{ReLU}(\cdot) = \max(0, \cdot)$。softmax 是归一化指数函数。$f_k$ 的输出是一个初始预测标签矩阵 $\tilde{\boldsymbol{Z}}^{(k)} = \left\{\tilde{z}_{i,c}^{(k)}\right\} \in \mathbb{R}^{N \times C}$，其中 $\tilde{z}_{i,c}^{(k)}$ 表示 $f_k$ 学习器中第 $i$ 个节点与第 $c$ 个学习器类别的对应程度。

该学习器模块直接从多个浅层的图神经网络学习器中获取基于不同阶邻居关系的节点表示，缓解由于堆叠多个消息传递层而导致的过平滑和浅层图神经网络表达受限的问题。

### 3.2.4 集成模块

通过上述模块可以从多个基于图卷积神经网络的学习器获得不同阶的邻接矩阵上的初始节点表示 (预测结果) $\{\tilde{\boldsymbol{Z}}^{(1)}, \tilde{\boldsymbol{Z}}^{(2)}, \cdots, \tilde{\boldsymbol{Z}}^{(m)}\}$，其中 $\tilde{\boldsymbol{Z}}^{(k)} (1 \leqslant k \leqslant m)$ 是通过从距离 $k$ 跳数的节点传播信息而获得的表示。随着深度 $k$ 的增加，远离节点的信息将包含在 $\tilde{\boldsymbol{Z}}^{(k)}$ 中。因此，这些初始结果 (表示) 不是混杂的。在基于图的半监督学习中，有标记的节点很少，但有许多未标记的节点。这些未标记的节点可以通过基于图卷积神经网络的模块获得初始伪标签。受负相关学习 (Negative Correlation Learning, NCL)[171,172] 的启发，本节提出了一个新的集成模块。该模块最大限度地提高了基学习器在标记节点上的准确性，并使得未标记节点上的伪标记存在一定的多样性。通过这种策略，自适应地调整和组合不同阶邻接矩阵获得的节点表示，从而为未标记节点生成合适的标签。

在形式上，所提出的集成模块将 $m$ 个图卷积网络学习器 $\{f_1, f_2, \cdots, f_m\}$ 融合成一个整体：

$$f_{\text{ens}}(\boldsymbol{x}) = \frac{1}{m} \sum_{k=1}^{m} f_k(\boldsymbol{x}) \tag{3.3}$$

集成模块的目标是最大化基学习器在标记节点上的拟合程度，同时使得未标记节点上的伪标记存在一定的多样性。因此，所提出的新集成模块需要最小化以下全局损失函数：

$$L = (1-\eta)L_{\text{emp}} + \eta L_{\text{div}} \tag{3.4}$$

其中，$L_{\text{emp}}$ 是标记数据集 $V_L$ 的经验损失；$L_{\text{div}}$ 是未标记数据集 $V_U$ 上基学习器的多样性损失，而 $0 \leqslant \eta \leqslant 1$ 是权衡经验损失和多样性损失的超参数。

具体来说，式 (3.4) 右侧的第一项 $L_{\text{emp}}$ 是所有有标记节点的交叉熵损失：

$$L_{\text{emp}} = \frac{1}{m} \sum_{k=1}^{m} \frac{1}{L} \sum_{i=1}^{L} \sum_{c=1}^{C} \left( -z_{i,c} \ln \tilde{z}_{i,c}^{(k)} \right) \tag{3.5}$$

式 (3.4) 右侧的第二项 $L_{\text{div}}$ 是多样性损失函数。它利用未标记节点的伪标记来降低每个网络的均方误差：

$$L_{\text{div}} = \exp \left\{ \frac{1}{m} \sum_{k=1}^{m} \left( \frac{1}{U} \sum_{i=L+1}^{L+U} \|f_k(\boldsymbol{x}_i) - f_{\text{ens}}(\boldsymbol{x}_i)\|_2 \sum_{k' \neq k} \|f_{k'}(\boldsymbol{x}_i) - f_{\text{ens}}(\boldsymbol{x}_i)\|_2 \right) \right\}$$

$$= \exp \left( -\frac{1}{mU} \sum_{k=1}^{m} \sum_{i=L+1}^{L+U} \|f_k(\boldsymbol{x}_i) - f_{\text{ens}}(\boldsymbol{x}_i)\|_2^2 \right) \tag{3.6}$$

通过上述集成模块，将所有 $m$ 个浅层的图神经网络学习器的输出结合起来，这使提出的模型能够通过反向传播联合训练所有图神经网络学习器和集成网络。因此，提出的模型可以通过端到端的方式聚合从多个分支学习到的每个节点的信息。最后，预测函数形式化为

$$\tilde{y}_i = \underset{c \in \{1,2,\cdots,C\}}{\arg\max} \tilde{z}_{i,c} \qquad (3.7)$$

其中，$\tilde{y}_i$ 是第 $i$ 个未标记节点的最终预测结果，$\tilde{z}_{i,c}$ 是在所有训练步骤之后通过式 (3.3) 获得的预测矩阵 $\tilde{Z}$ 的元素。

总的来说，混合阶图神经网络模型的算法如算法 3.1 所示。

**算法 3.1** 混合阶图神经网络模型的算法 (MOGCN)

1: **输入**：节点属性矩阵 $X$, 1 阶邻接矩阵 $A^{(1)}$, 标签矩阵 $Z$, 混合阶数目 $m$, 权衡系数 $\eta$, 最大迭代次数 max_iter;
2: **输出**：使用式 (3.7) 获得未标记节点最终的预测结果;
3: **方法**：
4:    使用式(3.1)构建多个不同阶的邻接矩阵 $\{A^{(2)}, A^{(3)}, \cdots, A^{(m)}\}$;
5: **for** $k = 1$ to $m$ **do**
6:    初始化图卷积神经网络学习器 $f_k$ 的参数 $\{W_0^{(k)}, W_1^{(k)}\}(1 \leqslant k \leqslant m)$;
7: **end for**
8: **for** iter $= 1$ to max_iter **do**
9:    **for** $k = 1$ to $m$ **do**
10:      $f_k$ 通过式 (3.2) 更新第 $k$ 阶图卷积神经网络学习器 $f_k$;
11:    **end for**
12:    通过式 (3.3) 计算集成学习器 $f_{\mathrm{ens}}$;
13:    通过式 (3.5) 计算有标记节点的经验损失 $L_{\mathrm{emp}}$;
14:    通过式 (3.6) 计算基学习器间的多样性损失 $L_{\mathrm{div}}$;
15:    通过式 (3.4) 训练 MOGCN 的总体损失 $L$;
16: **end for**

## 3.3 实验分析

本节首先将所提出的模型与最新的半监督节点分类模型做对比；然后在消融实验中评估所提模型各个模块的性能；最后对超参数进行实验分析。

### 3.3.1 实验设置

#### 3.3.1.1 数据集

本节采用了三个引文网络数据集 (Cora、CiteSeer 和 PubMed)。每个网络数据集都有一个节点属性矩阵 $X$ 和一个邻接矩阵 $A$。数据集汇总在表 3.1 中，其中节点数代表出版物的数量，边数代表引用链接的数量。

表 3.1 引文网络数据集

| 数据集 | 节点数 | 边数 | 特征 | 类别 |
|---|---|---|---|---|
| Cora | 2708 | 5429 | 1433 | 7 |
| CiteSeer | 3327 | 4732 | 3703 | 6 |
| PubMed | 19717 | 44338 | 500 | 3 |

#### 3.3.1.2 对比的方法

(1) **LP**[173]：标签传播是一种传统的基于图的半监督学习方法。

(2) **GCN**[47]：经典图卷积神经网络。

(3) **Co-Training**[78]：用随机游走模型训练 GCN 模型并扩展标记数据集的方法。

(4) **Self-Training**[78]：通过简单的自训练来扩展 GCN 的标记数据集。

(5) **Union**[78]：一种扩展标签集的方法，其将在随机行走和自训练中的置信度高的节点的并集加入标记集合中。

(6) **Intersection**[78]：将随机行走和自训练中的置信度高的节点的交集添加到标记集和中。

(7) **MultiStage 及其变体 M3S**[131]：将深度聚类方法应用在表示空间，并依赖距离度量来对齐和扩展标记的数据集。

(8) **MixHop**[174]：一种使用高阶邻接矩阵和简单拼接算子进行节点特征聚合的方法。

#### 3.3.1.3 参数设置

混合阶图神经网络模型将最大迭代次数 max_iter 设置为 500。与文献 [47] 类似，所提出的方法中的 GCN 学习器设置为 16 个神经元的隐藏层。在每个训练阶段使用完整的批次来训练本模型，并在 TensorFlow[175] 中实现所提出的算法，使用 Adam[176] 算法对其进行优化。此外，本模型将学习率设置为 0.001，DropOut 率设置为 $0.5 \times 10^{-4}$。采用文献 [78] 的设置，对不同标签率进行了实验：在 CiteSeer 和 Cora 数据集上标签率为 0.5%、1%、2%、3% 和 4%，在 PubMed 数据集上为 0.03%、0.05% 和 0.1%。实验结果将展示所提出方法在 1000 个测试节点上的平

均分类精度 (ACC)。式(3.4)中的超参数 $\eta$ 的搜索范围为 $\{0, 0.05, 0.1, \cdots, 1\}$，混合阶数 $m$ 在 $\{2, 3, \cdots, 6\}$ 中进行选择。

### 3.3.2 实验结果

#### 3.3.2.1 与基线方法的比较

在最优超参数 ($\eta$ 和 $m$) 下，混合阶图神经网络与对比的半监督节点分类结果如表 3.2~表 3.4 所示，得到了以下观察结果：① 在 Cora 和 PubMed 数据集上，当标记的训练节点非常少时，基线图卷积神经网络 (GCN) 的性能优于标签传播算法 (LP)，这是因为 GCN 容易遇到过平滑问题，限制了将标签信息传播到远距离节点的能力。② 所提出的模型优于使用扩展标记训练集的方法 (Co-Training、Self-Training、Union、Intersection 和 M3S)，这是因为未标记节点的伪标签将不可避免地向标记的训练数据集中添加标签噪声，尤其是当标记节点稀少或在初始训练迭代中时。相比之下，本模型确保了原始标记节点的准确性，并利用伪标记来增加学习器的多样性，这使得所提出的方法更加有效。③ 与同样使用高阶矩阵

表 3.2  Cora 数据集的分类精度结果　　　　　　单位：%

| 标签率 | 0.5% | 1% | 2% | 3% | 4% |
| --- | --- | --- | --- | --- | --- |
| LP | 56.4 | 62.3 | 65.4 | 67.5 | 69.0 |
| GCN | 50.9 | 62.3 | 72.2 | 76.5 | 78.4 |
| Co-Training | 56.6 | 66.4 | 73.5 | 75.9 | 78.9 |
| Self-Training | 53.7 | 66.1 | 73.8 | 77.2 | 79.4 |
| Union | 58.5 | 69.6 | 75.9 | 78.5 | 80.4 |
| Intersection | 49.7 | 65.0 | 72.9 | 77.1 | 79.4 |
| MultiStage | 61.1 | 63.7 | 74.4 | 76.1 | 77.2 |
| M3S | 61.5 | 67.5 | 75.6 | 77.8 | 78.0 |
| MixHop | 51.3 | 62.9 | 73.3 | 77.3 | 79.8 |
| MOGCN | **62.8** | **71.5** | **76.1** | **79.8** | **82.4** |

表 3.3  CiteSeer 数据集的分类精度结果　　　　　　单位：%

| 标签率 | 0.5% | 1% | 2% | 3% | 4% |
| --- | --- | --- | --- | --- | --- |
| LP | 34.8 | 40.2 | 43.6 | 45.3 | 46.4 |
| GCN | 43.6 | 55.3 | 64.9 | 67.5 | 68.7 |
| Co-Training | 47.3 | 55.7 | 62.1 | 62.5 | 64.5 |
| Self-Training | 43.3 | 58.1 | 68.2 | 69.8 | 70.4 |
| Union | 46.3 | 59.1 | 66.7 | 66.7 | 67.6 |
| Intersection | 42.9 | 59.1 | 68.6 | 70.1 | 70.8 |
| MultiStage | 53.0 | 57.8 | 63.8 | 68.0 | 69.0 |
| M3S | 56.1 | 62.1 | 66.4 | 70.3 | 70.5 |
| MixHop | 44.2 | 56.7 | 66.1 | 68.8 | 70.2 |
| MOGCN | **58.9** | **62.8** | **68.6** | **71.6** | **72.4** |

的 MixHop 模型相比,所提出的模型更有效。因为本模型可以直接从不同的感受野中学习节点的表示,而新的集成模块可以减少学习器之间的冗余。总之,以上观察结果证明了所提出方法的有效性。

表 3.4　PubMed 数据集的分类精度结果　　　　　　单位:%

| 标签率 | 0.03% | 0.05% | 0.1% |
| --- | --- | --- | --- |
| LP | 61.4 | 66.4 | 65.4 |
| GCN | 60.5 | 57.5 | 65.9 |
| Co-Training | 62.2 | 68.3 | 72.7 |
| Self-Training | 51.9 | 58.7 | 66.8 |
| Union | 58.4 | 64.0 | 70.7 |
| Intersection | 52.0 | 59.3 | 69.4 |
| MultiStage | 57.4 | 64.3 | 70.2 |
| M3S | 59.2 | 64.4 | 70.6 |
| MixHop | 61.6 | 59.1 | 67.2 |
| **MOGCN** | **63.2** | **68.5** | **76.7** |

#### 3.3.2.2　消融实验

本节研究 MOGCN 的每个模块,即基于图卷积神经网络的基学习器模块和集成模块的性能,考虑如下两个变体。

(1) **SingleOrder**:SingleOrder 表示在单阶邻接矩阵上训练的 GCN;本节记录了在单阶 ($\{1,2,3,\cdots,6\}$) 邻接矩阵下的最佳结果。

(2) **w/o EN**:w/o EN 表示通过简单的投票策略将基于图卷积神经网络的基学习器的结果组合在一起的方法,而不使用提出的集成模块,本节记录了不同阶基学习器组合的最佳实验结果。

将这两种变体与所提出的模型 MOGCN 进行比较,比较结果如图 3.3 所示。从中可以得出如下结论:w/o EN 方法在分类方面略优于 SingleOrder。这是因为 GCN 学习器在 w/o EN 的不同阶次的邻接矩阵上学习会存在冗余信息,这会影响性能的提高。因此,简单地结合多个 GCN 学习器的结果并不是一个令人满意的策略。相比之下,所提出的 MOGCN 模型不仅通过构造多个简单的 GCN 来直接考虑节点之间的多个高阶连接,而且还增加了学习器之间的多样性,因此可以显著提高分类性能。

为了更详细地探索模型的两个模块,本节在图 3.4(a) 和图 3.4(b) 中分别展示了 Cora 数据集上 w/o EN 和 MOGCN 的经验损失和多样性损失。其参数设置如下:采用 1% 的标签率,混合阶数量 $m = 3$,权衡系数值为 $\eta = 0.2$,而对于 w/o EN,只计算简单结合的多样性损失的值。

(a) Cora 数据集

(b) CiteSeer 数据集

(c) PubMed 数据集

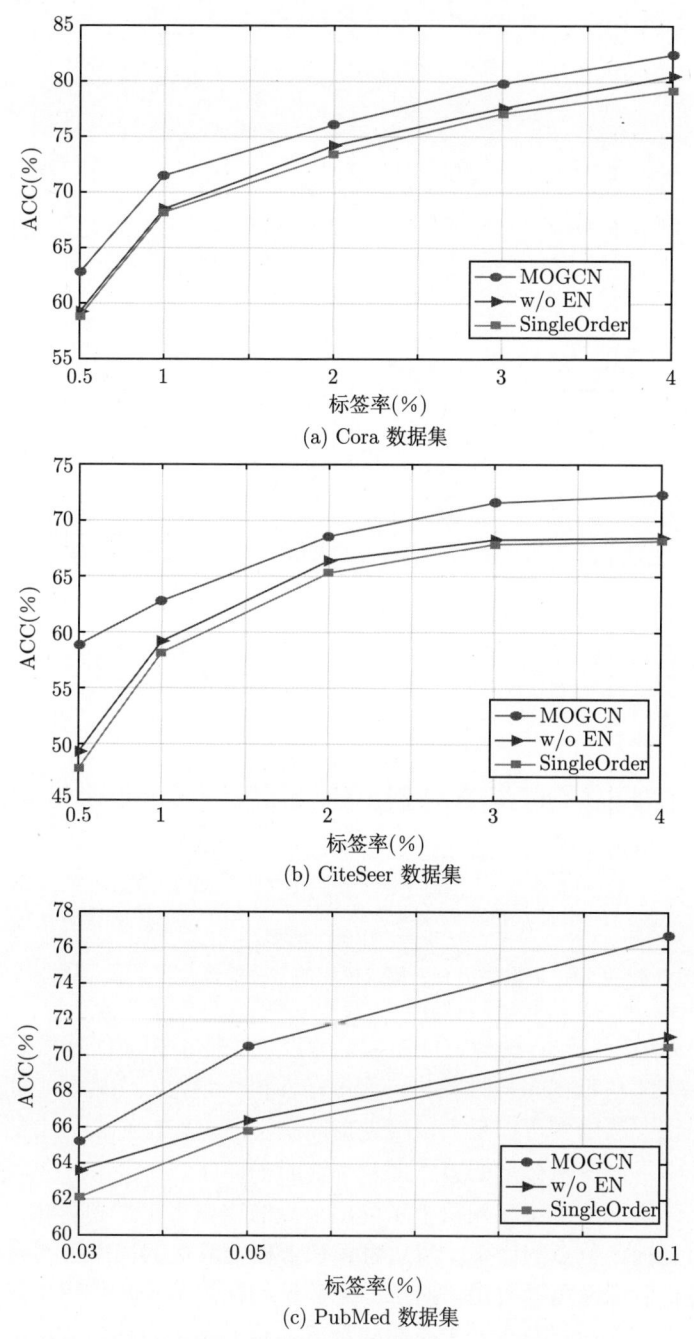

图 3.3 MOGCN 变体在不同标签率下的分类精度

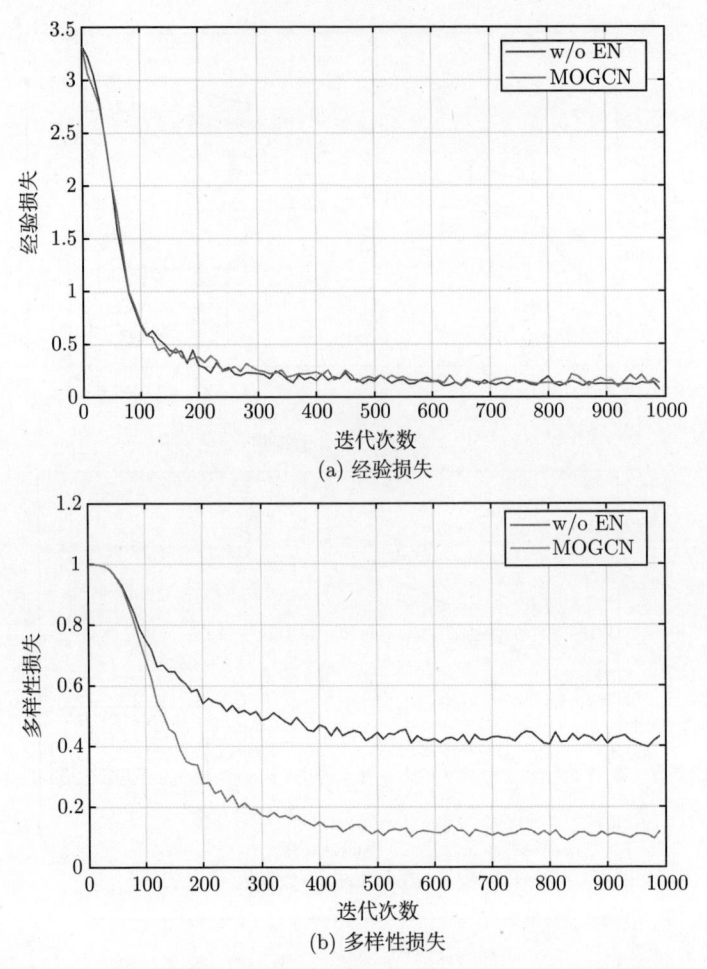

图 3.4 Cora 数据集上有无集成模块的方法的经验损失和多样性损失

可以得到如下结论：两种方法在标记节点上实现了相似的精度，MOGCN 实现了比 w/o EN 更低的多样性损失，而多样性损失越低，学习器之间的差异就越大，这表明该方法确实可以最大限度地提高基学习器在标记节点上的准确性，同时能保证基学习器在未标记的节点上有一定的多样性。

本节进一步探索了集成模块中未标记节点的比率对模型的影响。在这个实验中，首先固定标记节点的比率，然后将剩余未标记节点的比率设置为 0%~100%。结果如图 3.5 所示，可以看出，对于固定数量的标记节点，使用更多未标记节点往往比使用少数未标记节点产生更高的精度。这一结果表明，未标记节点的伪标签有助于实现更高的性能。

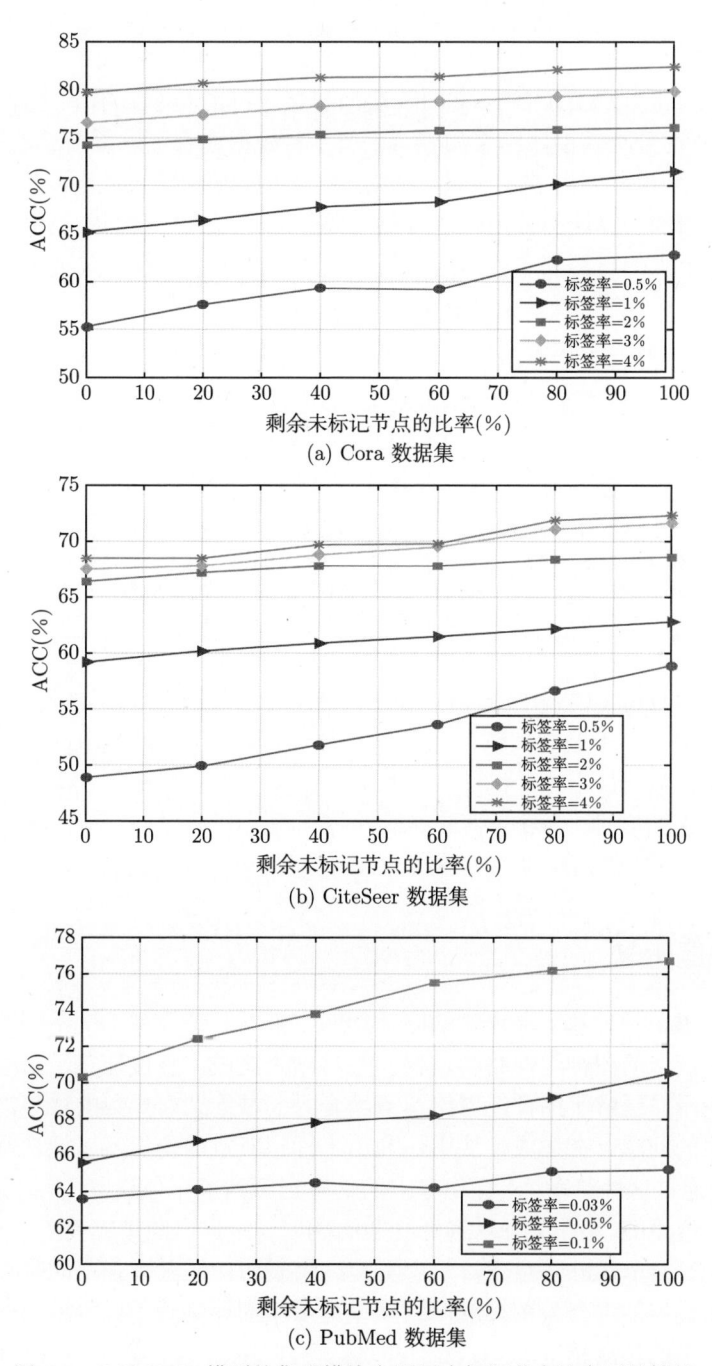

图 3.5 MOGCN 模型的集成模块在不同未标记节点比率下的性能

#### 3.3.2.3 参数分析

参数 $m$ 控制 MOGCN 中不同阶次的邻接矩阵的数量。本节比较了 2~6 阶的 MOGCN 的分类精度，结果如表 3.5 所示。根据该表可以得出结论，3 阶和 4 阶的 MOGCN 模型提供了令人满意的性能。然而，随着阶数的不断增加，邻域的范围也随之增加，算法的分类性能开始下降。这种现象与我们的直觉一致，因为阶数越高，节点的直接邻居就越远，从而增加了将节点特征与其他类别混合的风险。因此，为了平衡分类性能和计算效率，本章建议将提出的方法的阶数 $m$ 设置为 3 或 4。

表 3.5 不同阶数 MOGCN 的分类精度　　　　　　　　单位：%

| 阶数 | Cora 0.5% | 1% | 2% | 3% | 4% | CiteSeer 0.5% | 1% | 2% | 3% | 4% | PubMed 0.03% | 0.05% | 0.1% |
|---|---|---|---|---|---|---|---|---|---|---|---|---|---|
| 2 阶 | 61.9 | 70.8 | 75.7 | 79.2 | 82.0 | 57.2 | 62.0 | 67.8 | 70.4 | 72.1 | 62.9 | 67.5 | 76.1 |
| 3 阶 | **62.8** | 71.3 | **76.1** | **79.8** | **82.4** | 58.3 | **62.8** | 68.4 | **71.6** | **72.4** | 63.1 | 68.1 | **76.7** |
| 4 阶 | 61.2 | **71.5** | 75.8 | 79.1 | 82.2 | **58.9** | 62.2 | **68.6** | 71.3 | 72.1 | **63.2** | **68.5** | 75.9 |
| 5 阶 | 61.1 | 70.7 | 75.3 | 78.2 | 82.0 | 56.2 | 60.5 | 67.4 | 70.5 | 71.4 | 63.0 | 67.4 | 75.4 |
| 6 阶 | 60.2 | 68.9 | 74.8 | 77.4 | 81.2 | 55.9 | 58.3 | 66.7 | 69.5 | 71.2 | 62.4 | 67.2 | 74.2 |

此外，参数 $\eta$ 控制着经验损失和多样性损失之间的权衡。当设置 $\eta = 0$ 时，所提出的模型相当于独立训练每个图卷积神经网络学习器，而随着 $\eta$ 值的增加，模型会越来越强调最小化多样性损失。因此，基学习器之间的差异将增加。然而，当 $\eta$ 使用较大的值时，会过分强调多样性的影响，并导致性能不佳。根据经验，发现将 $\eta$ 设置为较小的值，即 $\eta \in [0.1, 0.3]$ 时通常会得到令人满意的结果。

## 3.4 本章小结

本章提出了一种基于混合阶的图神经网络模型，该模型基于不同阶的邻接矩阵构造多个浅层的图神经网络学习器，并将结果集成，直接捕获了节点间的不同阶关系的表示，缓解了图神经网络节点聚合时邻域混杂而导致的过平滑和浅层网络表达受限的问题。在集成模块中，利用未标记节点的伪标签以便增强基学习器的多样性，通过这种策略，未标记节点的伪标记得到了充分利用。此外，本章所提出的方法是通用的。因此，可以将更复杂的模型与所提出的集成模块结合起来，如 GAT[51] 或 Disentangled GCN[177]。实验结果表明，通过增强不同阶近邻和伪标记信息，所提出的混合阶图神经网络模型可以精细地刻画不同阶近邻的表达，进而提升了模型的预测精度。

# 第 4 章 基于拓扑结构自适应的图神经网络模型

虽然图神经网络在图数据分析挖掘领域进展飞速,但是大多数现有的图神经网络都面临着过平滑的问题,这个问题限制了它们的表达能力。造成此问题的一个关键因素是,更新节点表示时全局结构信息的缺失,这使得图神经网络不能有效地区分类内边和类间边,从而导致来自其他类的信息过度聚合。为了应对这个问题,本章提出了一种基于拓扑结构自适应的图神经网络模型。该方法的核心是通过去除一定数量的类间边来减少节点对其他类的影响。在该模型中,首先根据图的全局结构定义了边的强度。研究发现,边强度越强,越有可能成为类间边。这样,模型可以删除更多的类间边,并保留更多的类内边。因此,同一社区/类中的节点更相似,而不同类在嵌入空间中更分离。本章对所提出的方法进行了一些理论分析,阐述了它为什么能有效地缓解过平滑问题。本章将所提出的模型应用于图半监督节点分类问题。实验结果表明,通过全局结构信息的增强,所提出的模型在不同类型的网络数据的分类精度上均优于已有的代表性的图神经网络学习方法。

## 4.1 引言

图提供了一种描述复杂关系数据的通用语言,在各种数据挖掘和机器学习任务中发挥着非常重要的作用[42],这些任务包括半监督节点分类[47,178-180]、图分类[18,181-183]、社交网络分析[152,184]、节点聚类[185,186]。如何挖掘图数据的丰富价值一直是一个重要的研究方向。2017 年以来,图神经网络作为建模图中复杂关系的流行工具,已被证明是非常有效的方法。图神经网络使用一种消息传递方案[50],该方案通过每个节点聚合来自其相邻节点的特征以更新其特征向量。最简单的聚合操作如图 4.1 所示,红色和黑色节点分别代表不同类的节点;类内边由黑色实线表示,类间边由蓝色实线表示;节点 $v_1$ 通过类内边 $\{e_{1,2}, e_{1,3}, e_{1,4}\}$ 聚合相邻节点 $\{v_2, v_3, v_4\}$ 的特征信息,并通过类间边 $\{e_{1,5}, e_{1,6}\}$ 聚合相邻节点 $\{v_5, v_6\}$ 的特征信息。

尽管图神经网络在图数据分析挖掘领域已取得了巨大的成功,但大多数图神经网络都面临着过平滑问题[78]。随着网络深度的增加,所有节点的表示都将无法区分,这会导致节点分类性能的显著降低。Chen 等人[95] 认为,过度引入噪声是导致过平滑问题的关键因素之一。在节点分类任务中，噪声是指节点通过类间边在不同类之间进行交互的信息。

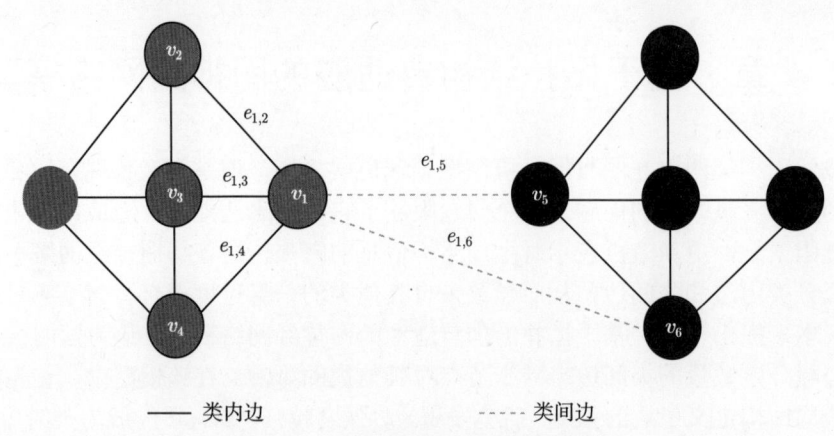

图 4.1　图神经网络聚合操作示意图

注：本图彩色版见本书彩插。

针对这个问题，一些研究已经开展了相关的工作。例如，在隐藏层之间添加了残差连接[92]来构建深度图神经网络模型，Pairnorm[94] 使用成对标准化技术防止所有节点表示变得过于相似，MADReg[95] 通过使用过平滑度量约束表示空间中节点的距离，使得远距离节点有一定的区分性，AdaEdge[95] 通过删除/添加边操作达到训练 GCN 的目的。2020 年，DropEdge[79] 被提出并用于缓解过平滑问题，其核心是从输入图中随机删除一定数量的边，随后在新图上训练图神经网络，该方法在半监督节点分类中取得了巨大成功。然而，DropEdge 假设图中的所有边都同等重要，因此忽略了全局图的拓扑结构和组/社区的特点，以至于该方法删除了太多对分类有用的类内边。

总而言之，上述基于设计新的图神经网络结构或标准化技术的方法很少考虑到图的结构信息。虽然现有的一些基于拓扑的方法根据不同训练时期的预测结果对原始图进行了修改，但它们没有明确地利用图的结构信息，这种迭代方式很容易导致误差的累积。而丰富的全局结构信息能够为学习节点表示提供更有价值的指导。因此，传统的图神经网络模型执行简单的邻居选择或根据预测结果修改图拓扑是远远不够的，需要对图的全局结构进行彻底的探索。

基于上述分析，本章提出了一种基于拓扑结构自适应的图神经网络模型，称为 GUIDE (GUIded Dropout over Edges)，并将该方法应用于图半监督节点分类问题。该方法的核心是通过去除一定数量的类间边来消除节点对其他类的影响，从而减轻过平滑的现象，提高模型的分类性能。具体地说，GUIDE 充分利用了图的全局结构信息来获得边强度，它被定义为在所有点对的最短路径上充当桥梁的次数。实验发现,边强度在很大程度上反映了类间边和类内边的分布。这为后续有选择地去边和图神经网络模型提供了图全局结构信息的指导。利用边的强度生成二元掩码矩阵,以指示选择或不选择哪条边。因此,在每个训练阶段中,可以从原始图中移除一些边强度较高的边,以获得一个新的图。最后,用新的图训练图神经网络模型,以获得最终的标签。一般来说,新的图可以用作类间消息传递的减速器,以阻止其他类信息对目标类的影响,而且类间边的去除使得同一类的节点将比不同类的节点更相似,有利于提高分类精度。在这种情况下,并非所有节点都是不可区分的,实际上只对同一类的节点进行平滑处理,而对不同类的节点进行不平滑的处理。因此,过平滑问题可以得到缓解。本章通过理论和实验验证了所提出模型的有效性。总的来说,这项工作的主要贡献总结如下:

(1) 本章提出了一种基于拓扑结构自适应的图神经网络模型。该模型利用图全局结构计算边强度,且该强度在很大程度上可以反映类间边和类内边的分布。

(2) 从理论上证明了该方法在缓解过平滑问题上的有效性。

(3) 在六个公开图数据集上的实验结果表明,所提出的模型优于其他对比方法。

本章的其余部分安排如下:4.2 节介绍了所提出的基于拓扑结构自适应的图神经网络模型,并详细讨论了与该模型相关的动机、策略及理论分析结果。4.3 节进行了一系列实验,评估了所提出方法的性能。4.4 节对本章内容做出小结。

## 4.2 基于拓扑结构自适应的图神经网络模型介绍

### 4.2.1 符号及其含义

给定无向图 $\mathcal{G} = (V, E, \boldsymbol{X})$,其中 $V = \{v_1, v_2, \cdots, v_N\}$ 表示节点的集合;$N$ 表示节点的数目;$E$ 表示边的集合,$e_{i,j} = <v_i, v_j> \in E$ 表示 $v_i$ 和 $v_j$ 节点间的边。图 $\mathcal{G}$ 结构用邻接矩阵 $\boldsymbol{A} = \{a_{i,j}\} \in \mathbb{R}^{N \times N}$ 表示,其中 $a_{i,j}$ 表示矩阵 $\boldsymbol{A}$ 在第 $i$ 行和 $i$ 列的元素;此外,如果 $e_{l,j} \in E$,则 $a_{i,j} = 1$,否则 $a_{i,j} = 0$。本节将与图关联的节点属性矩阵表示为 $\boldsymbol{X} = \{\boldsymbol{x}_1, \boldsymbol{x}_2, \cdots, \boldsymbol{x}_N\} \in \mathbb{R}^{N \times F}$,其中 $F$ 是特征的维数,$\boldsymbol{x}_i \in \mathbb{R}^F$ 对应矩阵 $\boldsymbol{X}$ 的第 $i$ 行。$\boldsymbol{D} = \text{diag}(d_1, d_2, \cdots, d_N) \in \mathbb{R}^{N \times N}$ 为矩阵 $\boldsymbol{A}$ 的度矩阵,其中 $d_i = \sum_{v_j \in V} a_{i,j}$ 是节点 $v_i$ 的度数。

对于图半监督学习 (GSSL) 来说,只有部分节点 $V_L \subset V$ 是有标注的。通常,$|V_L| \ll |V|$,且 $y_i \in \{1, 2, \cdots, C\}$ 表示第 $i$ 个有标记节点的标记,$C$ 是类别的数目。图半监督学习的目的是利用节点属性矩阵 $\boldsymbol{X}$、已知的标记节点 $V_L$ 及邻接矩阵 $\boldsymbol{A}$ 来预测其他未标记节点 $V_U = V - V_L$ 的标记。

使用矩阵 $\boldsymbol{Z} = \{z_{i,k}\} \in \{0,1\}^{N \times C}$ 来描述节点的类别标签:

$$z_{i,k} = \begin{cases} 1, & i=1,2,\cdots,L,\ y_i=k \\ 0, & \text{其他} \end{cases}$$

并且使用 $\tilde{Z} = \{\tilde{z}_{i,k}\} \in \mathbb{R}^{N \times C}$ 来表示预测矩阵,其中 $\tilde{z}_{i,k}$ 表示第 $i$ 个节点属于第 $c$ 个类的程度。表 4.1 包含了本章中更多的符号及其含义。

表 4.1 符号及其含义

| 符号 | 含义 |
| --- | --- |
| $\mathcal{G}$ | 图 |
| $V$ | 节点的集合 |
| $E$ | 边的集合 |
| $\boldsymbol{X}$ | 节点属性矩阵 |
| $\boldsymbol{A}$ | 邻接矩阵 |
| $\hat{\boldsymbol{A}}$ | 通过从 $\boldsymbol{A}$ 中删除一组边来生成的新的邻接矩阵 |
| $\lvert * \rvert$ | 集合 $*$ 中元素的个数 |
| $v_i$ | 一个节点 |
| $e_{i,j}$ | $v_i$ 和 $v_j$ 节点间的边 |
| $\boldsymbol{D}$ | 度矩阵 |
| $V_{\mathrm{L}}$ | 有标记节点集合 |
| $V_{\mathrm{U}}$ | 未标记节点集合 |
| $s(e_{i,j})$ | 边 $e_{i,j}$ 的强度 |
| $\sigma_{v_s,v_t}(e_{i,j})$ | 节点 $v_s$ 和 $v_t$ 之间包括 $e_{i,j}$ 的最短路径数 |
| $\sigma_{v_s,v_t}$ | 节点 $v_s$ 和 $v_t$ 的最短路径的数目 |
| $p$ | 删除边的比率 |
| $\boldsymbol{Z}$ | 标签矩阵 |
| $z_{i,k}$ | 真实标签矩阵中第 $i$ 个节点属于第 $c$ 个类的程度 |
| $\tilde{\boldsymbol{Z}}$ | 预测矩阵 |
| $\tilde{z}_{i,k}$ | 预测矩阵中第 $i$ 个节点属于第 $c$ 个类的程度 |
| mask | 二元掩码矩阵,指示是否保留每条边 |

### 4.2.2 总体框架

所提出的模型 GUIDE 的核心是通过移除一定数量的类间边来抑制来自其他类的节点的影响。具体来说,在 GUIDE 中,首先计算边强度,它可以在很大程度上反映类间边和类内边的分布。然后,通过加权随机抽样 (WRS) 过程删除一些边,以获得一个新的图,并利用该图训练图神经网络模型。因此,所提出的模型主要由三个模块组成:边强度计算模块、有指导去边模块和基于 GCN 学习器模块 (或称图神经网络学习器模块),总体框架如图 4.2 所示,该模型以原始邻接矩阵 $\boldsymbol{A}$ 和节点属性矩阵 $\boldsymbol{X}$ 作为输入。边强度计算模块首先计算边的强度。然后,在每个训练阶段,利用有指导去边模块根据边强度移除一定数量的边,以获得新的邻接矩阵 $\hat{\boldsymbol{A}}$。之后,将新的邻接矩阵 $\hat{\boldsymbol{A}}$ 和节点属性矩阵 $\boldsymbol{X}$ 输入图神经网络,最后得到节点的标签。在图中,红色和黑色实心点表示两类标记的节点,白色空心点表示图中未标记的节点。此外，使用单一的颜色梯度来表示边强度，边颜色越深，其强度越大。

(1) **边强度计算模块**：在节点交互的过程中，边的重要性是不同的，节点通过类间边交互将导致不同类节点更加相似，从而降低模型的精度。因此，这个模块从全局拓扑的角度定义和计算图中边的强度，以期能对边做区分。

(2) **有指导去边模块**：根据边强度，在每个训练迭代过程中，该模块根据边的边强度从输入图中删除一定数量的边，并获得一个新的拓扑图。

(3) **图神经网络学习器模块**：这个模块为图神经网络的模型配备了新的拓扑图，以训练图神经网络。

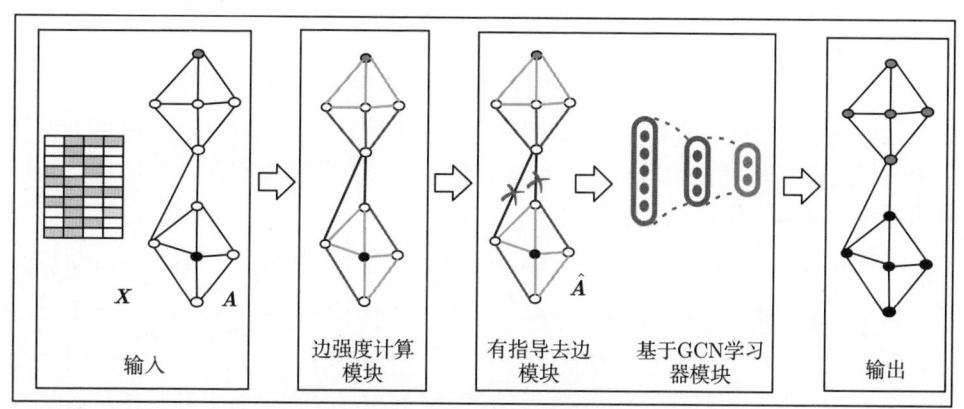

图 4.2　GUIDE 总体框架

注：本图彩色版见本书彩插。

### 4.2.3　边强度计算模块

GUIDE 的关键步骤是获取边强度来衡量边的重要性，并将其用于后续的模块。本节首先给出边强度的定义和计算公式，然后在后续小节中讨论其动机和实例。

#### 4.2.3.1　边强度

边强度 $s(e_{i,j})$ 定义为边 $e_{i,j}$ 在所有节点对之间的最短路径上充当桥梁的次数，形式化如下：

$$s(e_{i,j}) = \frac{1}{|V|^2} \sum_{s,t} \frac{\sigma_{v_s,v_t}(e_{i,j})}{\sigma_{v_s,v_t}} \tag{4.1}$$

其中 $v_s, v_t \in V$，$s \neq t$，$i \neq j$，$\sigma_{v_s,v_t}(e_{i,j})$ 表示节点 $v_s$ 和 $v_t$ 的最短路径中通过 $e_{i,j}$ 边的数量，且 $\sigma_{v_s,v_t}$ 是节点 $v_s$ 和 $v_t$ 的最短路径数。进一步地，本节使用 $S = \{s(e_{i,j})\}$ 来表示边强度的集合。

#### 4.2.3.2 动机

本节将讨论为什么由式 (4.1) 计算的边强度值可以反映类间边和类内边的分布。假设网络中的节点通过边传播特征信息，并且信息总是沿着最短路径传输。如果两个节点间最短路径有多条，则随机选择一条进行传输。基于这些假设，对图 4.1进行了重新的讨论，其中，除了边 $e_{1,5}$ 和 $e_{1,6}$，网络中的其他边可以分为两个子簇。由此可以直观地确定通过类间边的消息传递路径多于类内边，因为类间边控制着不同类节点之间的消息传递，子簇内节点的信息交互只需要通过类内边，而从每个子簇的任意点到另一个子簇的任意点的信息传播过程必须通过 $e_{1,5}$ 或 $e_{1,6}$。因此，本节定性地分析了由式(4.1) 计算的边强度描述不同类型边的能力。

#### 4.2.3.3 例子

为了分析由式 (4.1) 计算的边强度是否能很好地反映类间边和类内边的分布，本节在 Cora 数据集上进行了一个案例研究。如图 4.3 所示，Cora 数据集上学习到的边强度值呈长尾分布，只有一小部分边具有较高的强度，而大多数边具有较低的强度。本节根据边强度按降序排列，并将它们平均分为 5 个部分，每个部分大约 $\frac{|E|}{5}$ 条边，然后计算每个部分中类内/类间边的比率。从图中可以明显地观察到，随着边强度的降低，类内/类间边的比率趋于增加。这与我们的期望一致，即边强度可以在很大程度上反映图的全局拓扑结构信息。因此，本节建议对边进行评级，并为每条边赋值，作为下一步边选择的指导，而不是平等对待所有边并进行随机选择。其他数据集中边强度和比率之间的关系见 4.3.2.2 节。

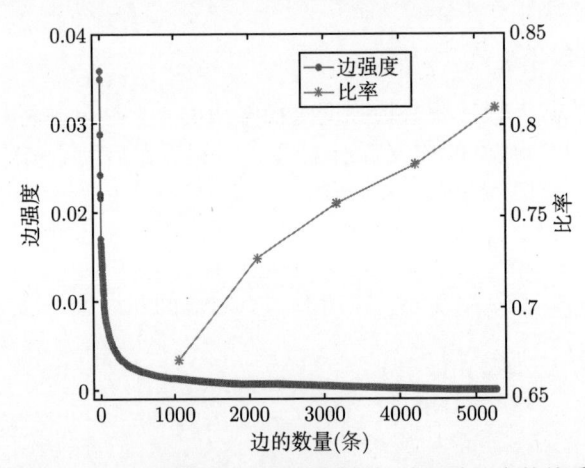

图 4.3 Cora 数据集上边强度和类内/类间边比率的关系

## 4.2.4 有指导去边模块

获得边强度后，有指导去边模块将根据边强度删除输入原始图的一定数量的边，以获得新的邻接矩阵 $\hat{A}$。本节选用的原则是边强度越高，其删除的可能性越大。

形式上，本节以不替换的方式删除一组数量为 $p|E|$ 的边，从原始 $A$ 中获得一个新的邻接矩阵 $\hat{A}$。其中，$|E|$ 是原始图上边的数量，$p$ 是删除边的比率。每条边被删除的概率为

$$p(e_{i,j}) = \frac{s(e_{i,j})}{\sum_{s(e_{i,j})\in S} s(e_{i,j})} \tag{4.2}$$

式中，$s(e_{i,j})$ 表示通过式 (4.1) 获得的节点 $v_i$ 和 $v_j$ 间边的强度，通过归一化将这些值转化为有效概率。然后，使用 $P = \{p(e_{i,j})\}$ 表示删除边的标准化概率集。

本节使用一个二元掩码矩阵 **mask** = $\{\text{mask}_{i,j}\} \in \{0,1\}^{N \times N}$ 指示是否保留边 $e_{i,j}$。根据删除边的概率生成 $\text{mask}_{i,j}$ 的过程可以归结为加权随机选择的特例[187]。具体地说，对于概率为 $p(e_{i,j})$ 的边 $e_{i,j}$，生成一个随机数 $r_{i,j} \in (0,1)$，并计算每个边 $e_{i,j}$ 的键值 $\text{key}_{i,j}$：

$$\text{key}_{i,j} = r_{i,j}^{\frac{1}{p(e_{i,j})}} \tag{4.3}$$

然后，选择值最大的 $p|E|$ 条边，并将相应的 $\text{mask}_{i,j}$ 设置为 0。

总的来说，本节通过算法 4.1 来获得二元掩码矩阵 **mask**。最后，通过如下公式从原来的 $A$ 中得到一个新的邻接矩阵 $\hat{A}$：

$$\hat{A} = A \odot \text{mask} \tag{4.4}$$

式中，$\odot$ 代表按元素相乘操作。

#### 4.2.4.1 动机

首先，本节定性地比较了 DropEdge 和所提出的 GUIDE 删除边的策略，如图 4.4 所示，在 DropEdge 中，边是随机被删除的。然而，在提出的 GUIDE 中，边会根据其强度而被删除。图 (a)~(c) 和图 (d)~(f) 是这两种方法分别在不同训练时刻得到的新的图结构。GUID 使用单个颜色梯度来表示边强度，边颜色越深，强度越大。借助于有指导去边模块，可以根据边强度删除一定数量的边。在所示的三个阶段中，与 DropEdge 方法相比，GUIDE 可以在每个训练阶段丢弃更多的类间边，并保留更多的类内边，以获得适用于节点分类的新图。因此，本章建议根据边强度来选择边，而不是完全随机选择。此外，所提出的模型在每次迭代之前执行有指导去边模块，实际上生成了原始图的不同变形副本。因此，该模块也可以被视为一种图数据增强技术，类似于其他典型的图增广技术[106] (例如，节

点删除、属性屏蔽、子图扰动等)，它增强了输入图数据的多样性，因此可以在一定程度上防止过拟合。

**算法 4.1** 二元掩码矩阵 **mask** 的生成

1: **输入**：边的归一化概率集 $P = \{p(e_{i,j})\}$，初始掩码矩阵 $\mathbf{mask} = \mathbf{1}$，删除边的比率 $p$，边的数量 $|E|$；
2: **输出**：二元掩码矩阵 **mask**；
3: **方法**：
4: **for** 边 $e_{i,j}$ $(i < j)$ **do**
5: 　　$r_{i,j} = \text{random}(0, 1)$；
6: 　　$\text{key}_{i,j} = r_{i,j}^{\frac{1}{p(e_{i,j})}}$；
7: **end for**
8: 选择 $m = |E| \times p$ 条 $\text{key}_{i,j}$ 值最大边并将相应的 $\text{mask}_{i,j}$ 设置为 0；
9: **for** 边 $e_{i,j}$ $(i = j)$ **do**
10: 　　$\text{mask}_{i,j} = 1$；
11: **end for**
12: **for** 边 $e_{i,j}$ $(i > j)$ **do**
13: 　　$\text{mask}_{i,j} = \text{mask}_{j,i}$；
14: **end for**

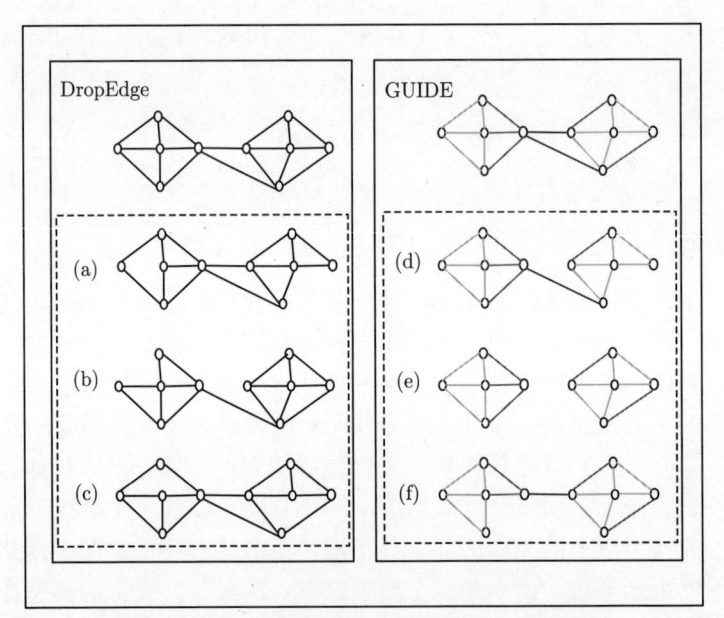

图 4.4　DropEdge(左) 与 GUIDE(右) 的对比

注：本图彩色版见本书彩插。

## 4.2.4.2 例子

本节将研究在使用 DropEdge 和 GUIDE 方法删除一定百分比的边后，在生成的新邻接矩阵中剩余的类内边和类间边的数量，结果分别显示在图 4.5(a)

(a) 新图中类内边的数量

(b) 新图中类间边的数量

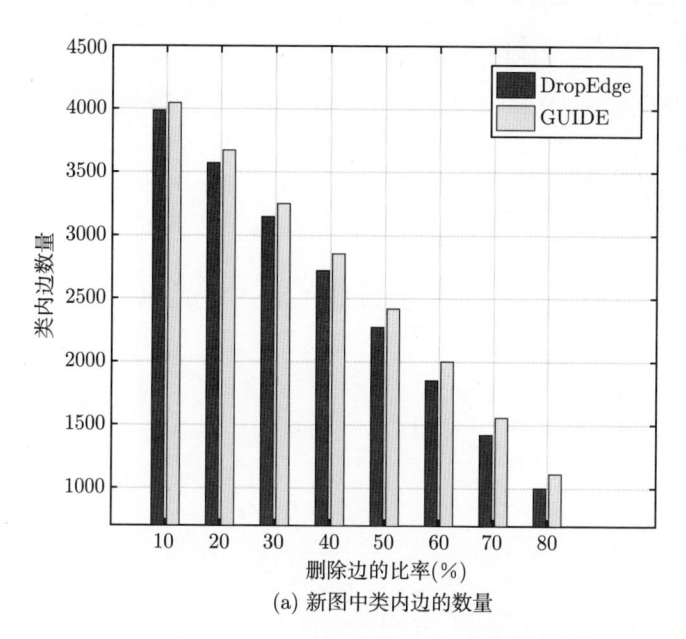

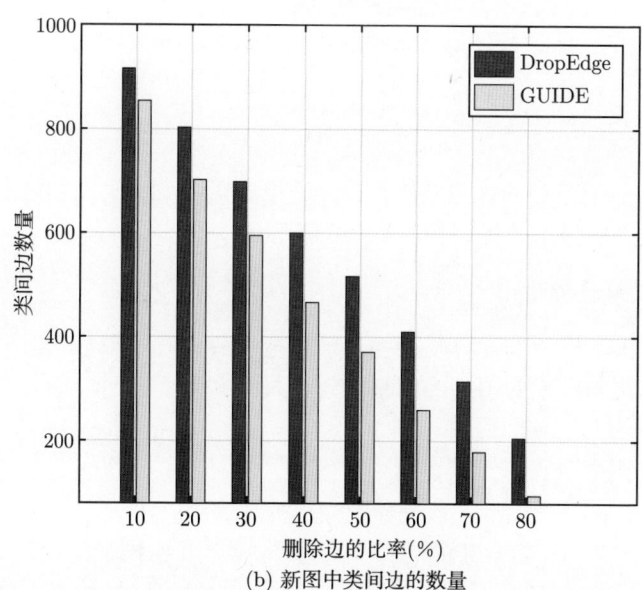

图 4.5  DropEdge 与 GUIDE 类内边和类间边变化的图示

和图 4.5(b) 中。可以得出,与 DropEdge 相比,GUIDE 可以删除更多的类间边,并保留更多的类内边。例如,在图 4.5(b) 中,当删除 40% 的边时,所提出的方法删除的类间边比 DropEdge 多 120 条。相应地,多保留了大约 120 条类内边。总体而言,本案例研究进一步证明了所提出方法的有效性。

### 4.2.5 图神经网络学习器模块

本章提出的模型是一种通用方法,可以与许多现有的图神经网络模型兼容。这里以图卷积神经网络 GCN[47](两层) 为例来介绍这个模块。

在每个训练阶段,给定从有指导去边模块获得的节点属性矩阵 $\boldsymbol{X}$ 和新的邻接矩阵 $\hat{\boldsymbol{A}}$ 之后,本节构建了两层图卷积神经网络学习器,如下所示:

$$\tilde{\boldsymbol{Z}} = \text{softmax}\left(\tilde{\boldsymbol{A}}_s \text{ReLU}\left(\tilde{\boldsymbol{A}}_s \boldsymbol{X} \boldsymbol{W}_0\right) \boldsymbol{W}_1\right) \quad (4.5)$$

式中,$\tilde{\boldsymbol{A}}_s = \tilde{\boldsymbol{D}}^{-\frac{1}{2}} \tilde{\boldsymbol{A}} \tilde{\boldsymbol{D}}^{-\frac{1}{2}}$,$\tilde{\boldsymbol{A}} = \hat{\boldsymbol{A}} + \boldsymbol{I}$,相应的度矩阵为 $\tilde{\boldsymbol{D}} = \hat{\boldsymbol{D}} + \boldsymbol{I}$,且 $\hat{\boldsymbol{D}}$ 是矩阵 $\hat{\boldsymbol{A}}$ 的度矩阵。$\boldsymbol{W}_0 \in \mathbb{R}^{F \times H}$ 和 $\boldsymbol{W}_1 \in \mathbb{R}^{H \times C}$ 是可训练的权重矩阵,ReLU($\cdot$) = max(0, $\cdot$)。

然后,所有标记节点的交叉熵损失形式化如下:

$$L_{\text{CE}} = \frac{1}{L} \sum_{i=1}^{L} \sum_{k=1}^{C} (-z_{i,k} \ln \tilde{z}_{i,k}) \quad (4.6)$$

最后,预测函数为

$$\tilde{y}_i = \underset{k \in [1, C]}{\arg \max} \, \tilde{z}_{i,k} \quad (4.7)$$

式中,$\tilde{y}_i$ 是第 $i$ 个节点的预测结果,$\tilde{z}_{i,k}$ 是预测矩阵 $\tilde{\boldsymbol{Z}}$ 第 $i$ 行和第 $k$ 列的元素。

总的来说,所提出的模型如算法 4.2 所示。

### 4.2.6 时间复杂度分析

本节将分析本模型的计算复杂性,该模型可分为三个部分:边强度计算模块、有指导去边模块和后续的图神经网络学习器模块。为了方便,将 $\hat{\boldsymbol{A}}$ 中的边数 $p|E|$ 表示为 $m$,即 $m = p|E|$。

在边强度计算模块中,需要两个步骤来计算边强度。第一步是找到所有节点对的最短路径,在一般图上,该操作的最坏时间复杂度是 $\mathcal{O}(|V|(|V| + |E|))$,在稀疏图上为 $\mathcal{O}(|V|^2)$。第二步是在每个最短路径上查找指定的边,其中此操作的时间复杂度为 $\mathcal{O}(\log |V|)$,其与查找所有节点对的最短路径相比,是可以忽略的。因此,计算边强度的最坏复杂时间在一般图上为 $\mathcal{O}(|V|(|V| + |E|))$,以及在稀疏

图上为 $\mathcal{O}(|V|^2)$；对于有指导去边模块，这是一个典型的加权随机抽样 (WRS) 过程。在这个过程中，需要根据权重从 $|E|$ 条加权边中随机抽取 $m$ 条边，其时间复杂度为 $\mathcal{O}\left(m\lg\dfrac{|E|}{m}\right)$[187]。在图神经网络学习器阶段，计算复杂度与所选图神经网络模型有关。例如，两层图神经网络 GCN 的计算复杂度为 $\mathcal{O}(mFHC)$[47]。

---

**算法 4.2**    GUIDE 算法 (GCN 作为主干)

1: 输入：节点属性矩阵 $\boldsymbol{X}$，邻接矩阵 $\boldsymbol{A}$，标签矩阵 $\boldsymbol{Z}$，初始的二元掩码矩阵 $\mathbf{mask}=\mathbf{1}$，删除边的比率 $p$，边的数量 $|E|$，最大迭代次数 max_iter；
2: 输出：通过式 (4.7) 获得未标记节点的最终预测结果；
3: 通过式(4.1)构建边强度 $s(e_{i,j})$；
4: 初始化 GCN 学习器 $f$ 的参数 $\{\boldsymbol{W}_0, \boldsymbol{W}_1\}$；
5: **for** iter = 1 **to** max_iter **do**
6:     通过算法 4.1 获取二元掩码矩阵 $\mathbf{mask}$；
7:     通过式(4.4)获得新的邻接矩阵 $\hat{\boldsymbol{A}}$；
8:     通过式(4.6)训练图神经网络学习器；
9: **end for**

---

值得注意的是，所提出的算法需要在每个训练迭代之前从原始图中获得一个新图，新图由边强度和超参数 $p$ 确定，如算法 4.1 所示。因此，算法 4.2 中使用的新图可以预先构造并存储在内存中。这样，在每次迭代之前，该算法可以直接从内存中检索一个新的图，并完成训练，而无须在训练过程中构造一个新的图。因此，边强度计算和有指导去边可以离线完成，在线算法的时间复杂度仅与所选图神经网络模型有关。此外，与图神经网络模型相比，计算边强度和去除边的计算复杂度也没有显著增加。同时，由于该算法去除了一定数量的边，因此计算复杂度与边相关的图神经网络模型训练在线模型所需的时间会更少。

### 4.2.7 理论分析

本节对所提出的方法进行理论分析，以解释为什么可以缓解过平滑的问题。首先介绍文献 [79] 中的子空间和松弛 $\epsilon$-平滑层的定义，以及文献 [79,188] 中的一个辅助引理。

**定义 4.1** (子空间)    $\mathcal{M}=\{\boldsymbol{EC}|\boldsymbol{C}\in\mathbb{R}^{M\times C}\}$ 是一个位于 $\mathbb{R}^{N\times C}$ 的子空间，其中 $\boldsymbol{E}=\{\boldsymbol{e}_1,\boldsymbol{e}_2,\cdots,\boldsymbol{e}_M\}\in\mathbb{R}^{N\times M}$ 为 $\boldsymbol{A}$ 的最大特征值的基，$\boldsymbol{E}^{\mathrm{T}}\boldsymbol{E}=\boldsymbol{I}_M$，且 $M\leqslant N$。

**定义 4.2** (松弛 $\epsilon$-平滑层)    给定子空间 $\mathcal{M}$ 和 $\epsilon(\epsilon>0)$，称 $\hat{l}(\mathcal{M},\epsilon)$ 为松弛 $\epsilon$-平滑层，其定义为

$$\hat{l}(\mathcal{M},\epsilon) = \left\lceil \frac{\lg \frac{\epsilon}{d_{\mathcal{M}}(\boldsymbol{X})}}{\lg(s\lambda)} \right\rceil \tag{4.8}$$

式中，[.] 是计算输入的上取整，$s$ 是所有层上滤波器奇异值的上确界，$d_{\mathcal{M}}(.)$ 是计算输入矩阵和子空间 $\mathcal{M}$ 之间的距离，$\lambda$ 是 $A$ 的第二大特征值。

根据文献 [79] 中的结论，$\hat{l}(\mathcal{M},\epsilon)$ 是发生过平滑问题时最小层数的近似值。该值越大，出现过平滑问题的层的最小值越大，即过平滑问题得到缓解。$N-\dim(\mathcal{M})$ 反映信息损失，该值越大，信息损失越大，模型越过平滑。

**引理 4.1** 对于每个连接的组件，$\lambda$ 和 $R_{st}$ 之间的连接由以下不等式表示：

$$\lambda \geqslant 1 - \frac{1}{R_{st}}\left(\frac{1}{d_s} + \frac{1}{d_t}\right) \tag{4.9}$$

式中，$\lambda$ 是图的第二大特征值，$R_{st}$ 表示节点 $s$ 和 $t$ 之间的总电阻，$d_s$ 和 $d_t$ 分别是节点 $s$ 和 $t$ 的度数。

现在证明，所提出的方法 GUIDE 可以缓解过平滑问题。将邻接矩阵表示为 $A$，将 GUIDE 中的新的邻接矩阵表示为 $\hat{A}$。$\mathcal{M}$ 和 $\mathcal{M}'$ 是关于邻接矩阵 $A$ 和通过有指导删除一定数量的边之后 $\hat{A}$ 的子空间。

**定理 4.1** 给定原始图和通过 GUIDE 删除了一定数量边的新图，一个较小的值 $\epsilon$。然后可以得到以下不等式：

- 松弛 $\epsilon$-平滑层的值只会通过减少节点连接而增加：$\hat{l}(\mathcal{M},\epsilon) \leqslant \hat{l}(\mathcal{M}',\epsilon)$；
- GUIDE 能够增加收敛子空间的维数，从而能够减少信息损失：$N-\dim(\mathcal{M}) \geqslant N-\dim(\mathcal{M}')$。

**证明**：根据式(4.9)，只要从连接的组件中删除足够多的边，就必有一个点对满足 $R_{st} = \infty$。然后，得到 $\lambda = 1$，因此，$\lambda$ 增加。进一步地，从定义 4.2 中，松弛 $\epsilon$-平滑层与 $\lambda$ 正相关。因此，在这种情况下，我们证明了定理 4.1 的第一部分 $\hat{l}(\mathcal{M},\epsilon) \leqslant \hat{l}(\mathcal{M}',\epsilon)$。此外，在这种情况下，连接的组件被断开为两部分，这导致 $\mathcal{M}$ 的维数增加 1，并证明了定理 4.1 的第二部分，$N-\dim(\mathcal{M}) \geqslant N-\dim(\mathcal{M}')$，即减少了信息损失。

总之，在理论上，所提出的 GUIDE 不仅增加了出现过平滑问题的最小层数，而且还减少了由于过平滑而造成的信息损失。

## 4.3 实验分析

这一部分首先展示了所提出的方法与最新的半监督节点分类模型之间的对比实验。其次，分析了边强度与类内边和类间边分布之间的关系，并计算了所提出的方法中每个组件所用的时间。再次，在图神经网络的四个不同主干上评估了 GUIDE

相对于原始方法和 DropEdge 的性能改进，并使用专门用于测量过平滑问题的指标 MADGap 对其进行了评估。最后，本节讨论了 GUIDE 方法的超参数敏感性。

**4.3.1 实验设置**

**4.3.1.1 数据集**

为了评估所提出的方法的性能，本节采用三个引文网络数据集 (Cora、CiteSeer 和 PubMed)，一个产品联合采购网络数据集 (Computers) 和两个网页网络数据集 (Texas 和 Chameleon)。

(1) **Cora** 是科学出版物之间的引用网络，由 2708 个节点组成，特征维度为 1433，节点之间有 5429 条边。Cora 的类别的数量是 7。

(2) **CiteSeer** 也是科学出版物之间的引用网络，有 3327 个节点，3703 个特征维度和 4732 条边。CiteSeer 的类别数量为 6。

(3) **PubMed** 由来自 PubMed 数据库的 19717 篇糖尿病相关文章组成，每一篇都被分配到三个类别中的一个，且文章特征向量为 500 个词频和逆文档频率的比值 (TF/IDF)。

(4) **Computers** 是一个亚马逊产品联合购买网络，有 13381 个节点，767 个特征维度，节点之间有 245778 条边。该网络有 10 个类别。

(5) **Texas** 是一个网页数据集，由 183 个节点组成，特征维度为 1703，边数为 295。该网页数据集分为 5 类。

(6) **Chameleon** 是维基百科中关于特定主题的网页网络，有 2277 个节点，2325 个特征维度，36101 条边。根据网页的月平均流量将节点分为 5 类。

此外，同质率 (HomR) 是网络中具有相同类别标签的节点的边的比率：

$$\mathrm{HomR} = \frac{|a_{ij} = 1 \land y_i = y_j|}{|E|}$$

式中，$|E|$ 是边的数量。显然，当 HomR 接近 1 时，网络高度同质化。相反，如果 HomR 接近 0，则网络的同质性较低。在这项工作中，前四个数据集是具有较高同质性的网络，而后两个数据集是具有较低同质性的网络。

六个网络数据集统计数据如表 4.2 所示。对于 Texas 数据集，使用 8 个标记节点进行训练，30 个节点用于验证，100 个节点用于测试。对于其他数据集，按照文献 [47,51] 中的经典数据划分方法，使用每个类 20 个标记节点进行训练，500 个节点用于验证，1000 个节点用于测试。

**4.3.1.2 评价指标**

本章使用两个指标来验证结果：准确率 (ACC) 和 MADGap。大多数关于缓解过平滑问题的经典论文都使用准确率作为衡量标准。只有文献 [95] 中的工作提出了专门测量过平滑的度量 MADGap,并且该度量与准确率高度相关。因此,在本章中,使用准确率 (ACC) 作为主要指标,同时也将在 4.3.2.5 节中使用 MADGap 衡量所提出方法的有效性。

表 4.2 六个网络数据集统计数据

| 数据集 | 节点数 | 边数 | 特征 | 类别 | 同质率 |
|---|---|---|---|---|---|
| Cora | 2708 | 5429 | 1433 | 7 | 0.81 |
| CiteSeer | 3327 | 4732 | 3703 | 6 | 0.74 |
| PubMed | 19717 | 44338 | 500 | 3 | 0.80 |
| Computers | 13381 | 245778 | 767 | 10 | 0.83 |
| Texas | 183 | 295 | 1703 | 5 | 0.11 |
| Chameleon | 2277 | 36101 | 2325 | 5 | 0.23 |

#### 4.3.1.3 基线方法

在第一个实验中所提出的方法与几种用于半监督节点分类的最新方法进行了比较,其中包括:

(1) **GCN**[47] 是一个经典的基于图的神经网络模型,具有消息传递操作,其首先获得谱图卷积的一阶 (线性) 近似,然后输入到非线性激活函数中。

(2) **GAT**[51] 在消息传递操作中,使用注意机制为不同的节点分配不同的权重。

(3) **MixHop**[174] 是一个图神经网络模型,可以通过混合不同距离的邻居的特征表示来学习邻域混合关系。

(4) **BN**[93] 是一种批量标准化技术,它使用均值和方差对节点表示进行缩放,并为下一个图卷积层生成新的嵌入矩阵。

(5) **PN**[94] 也是一种标准化技术,它使断开连接的对之间的距离之和变大,以防止所有节点嵌入变得太相似。

(6) **AdaEdge**[95] 根据模型的预测结果优化图的拓扑结构,以自适应地调整图的拓扑结构。

(7) **FAGCN**[189] 计算聚合中的邻居系数,从而自适应地集成不同频次的信号。

(8) **DropEdge**[79] 在每次训练时都会随机删除一定比例的边,类似一个消息传递减速器,以缓解过平滑问题。

(9) **GAUEG**[57] 使用神经边预测器增加类内边,减少类间边。

作为一种理想的操作,本节还添加了两种基线方法 (DAInterE 和 DAIntraE) 来展示在经典的两层图神经网络 GCN 模型上删除的所有类间边和所有类内边的准确率。

#### 4.3.1.4 参数设置与实现

所提出的 GUIDE 中将最大迭代次数 max_iter 设置为 500。在深度为 $\{2, 4, 8, 16, 32, 64\}$ 且隐藏层维度为 128 上实现所有模型,并记录测试节点上的分类精度。在搜索范围 $\{0, 0.05, 0.1, \cdots, 1\}$ 内选择超参数删除率 $p$。本节采用全批训练模型,在 TensorFlow[175] 中执行所提出的算法,并使用 Adam[176] 算法进行优化。本节将学习率设置为 0.001,DropOut 率设置为 $0.5 \times 10^{-4}$。使用原始的 GCN[47]、ResGCN[91]、JKNet[190] 和 IncepGCN[191] 作为 DropEdge、GAUEG 和 DropEdge 的基本图神经网络模块的主干。

### 4.3.2 实验结果

#### 4.3.2.1 与最新的方法对比的实验结果

表 4.3 展示了对比方法在六个数据集上的结果 ( 最佳结果以粗体显示,同一组中的最佳结果以下画线显示)。从表 4.3 中可以得到如下结论:① 所提出的 GUIDE 在六个图数据集上取得了最好的结果,这证明了所提出方法的有效性。② 所提出方法的性能优于 AdaEdge 和 GAUEG,并且这种优势在低同质图上更为明显,这表明了显式地考虑图的拓扑信息的必要性。③ 在高同质图上,该方法结合简单模

表 4.3 节点分类的平均分类精度实验结果

| 方法 | | Cora | CiteSeer | PubMed | Computers | Texas | Chameleon |
|---|---|---|---|---|---|---|---|
| DAInterE | | 0.873 | 0.768 | 0.824 | 0.867 | 0.859 | 0.827 |
| DAIntraE | | 0.654 | 0.553 | 0.596 | 0.665 | 0.343 | 0.324 |
| GCN | | 0.815 | 0.703 | 0.790 | 0.817 | 0.474 | 0.433 |
| GAT | | 0.830 | 0.725 | 0.790 | 0.814 | 0.462 | 0.417 |
| MixHop | | 0.812 | 0.709 | 0.793 | 0.820 | 0.519 | 0.482 |
| BN | | 0.804 | 0.684 | 0.785 | 0.819 | 0.487 | 0.441 |
| PN | | 0.820 | 0.691 | 0.729 | 0.822 | 0.476 | 0.438 |
| AdaEdge | | 0.823 | 0.697 | 0.774 | 0.824 | 0.489 | 0.452 |
| FAGCN | | 0.841 | 0.727 | 0.794 | 0.828 | 0.597 | 0.543 |
| GCN | +DropEdge | 0.821 | 0.705 | 0.794 | 0.826 | 0.593 | 0.535 |
| | +GAUEG | 0.835 | 0.723 | 0.793 | 0.831 | 0.497 | 0.457 |
| | +GUIDE | 0.843 | 0.726 | 0.798 | 0.838 | 0.611 | 0.551 |
| ResGCN | +DropEdge | 0.830 | 0.712 | 0.790 | 0.815 | 0.605 | 0.521 |
| | +GAUEG | 0.833 | 0.721 | 0.785 | 0.827 | 0.525 | 0.473 |
| | +GUIDE | **0.845** | 0.724 | 0.793 | 0.832 | 0.629 | 0.528 |
| JKNet | +DropEdge | 0.827 | 0.706 | 0.787 | 0.825 | 0.608 | 0.555 |
| | +GAUEG | 0.819 | 0.682 | 0.788 | 0.824 | 0.511 | 0.491 |
| | +GUIDE | 0.828 | 0.722 | 0.792 | 0.829 | **0.632** | **0.562** |
| IncepGCN | +DropEdge | 0.824 | 0.714 | 0.790 | 0.825 | 0.587 | 0.528 |
| | +GAUEG | 0.830 | 0.719 | 0.787 | 0.827 | 0.489 | 0.483 |
| | +GUIDE | 0.831 | **0.729** | 0.794 | 0.835 | 0.623 | 0.558 |

型获得最优结果,如前四个数据集的最优值集中在 GCN 和 ResGCN 中。相反,对于低同质图,GUIDE 需要结合更复杂的模型,如 JKNET 或 IncepGCN,以获得良好的性能改进。这为不同网络配置不同算法提供了一些指导。④ 对于两种理想的基线方法 DAInterE 和 DAIntraE,可以看到,在删除所有类间边后,DAInterE 显著提高了原始 GCN 模型的精度,并且在删除所有类内边后,DAIntraE 的性能与原始 GCN 模型相比显著降低。这表明,对于半监督节点分类任务,使用类内边的消息传播提高了性能,通过类间边带来了来自其他类的噪声消息。这进一步证明了需要在图神经网络模型中充分利用图结构信息。总的来说,GUIDE 在这六个数据集中表现最好,充分反映了所提出方法的优越性。

#### 4.3.2.2 边强度与类内/类间边关系分析

本节分析了六个网络数据集上边强度和类内/类间边比率之间的关系,结果如图 4.6 所示。从图 4.6 中可以看出,类内/类间边比率随着边强度的降低而增加,这表明边强度可以在很大程度上反映类内边和类间边的分布。

#### 4.3.2.3 时间分析

本节将分析提出的 GUIDE 的三个组件所用的时间。具体来说,对于边强度计算模块只计算一次,对于有指导去边模块和图神经网络学习器模块计算 500 个迭代所需的时间,其中图神经网络学习器模块采用 GCN 学习器,结果如表 4.4 所示。可以看到:① 对于小型和中型数据集 (Texas、Cora、CiteSeer 和 Chameleon),前两个模块中使用的时间远远少于第三个模块。② 对于大型图数据集、PubMed 和 Computers,边强度的计算所需时间仅为简单图神经网络模型 (GCN 和 ResGCN) 的 3 倍。此外,边强度的计算时间与 PubMed 数据集上最复杂的图神经网络模型 (JKNet 和 IncepGCN) 中使用的时间大致相同,且边强度的计算时间小于 Computers 数据集上最复杂的图神经网络模型的计算时间。因此,与图神经网络模型相比,计算边强度和删除边的计算复杂性没有显著增加。

表 4.4 时间分析　　　　　　　　　　单位:秒

| 方法 | Cora | CiteSeer | PubMed | Computers | Texas | Chameleon |
| --- | --- | --- | --- | --- | --- | --- |
| Edge Strength | 24.58 | 19.27 | 2339.84 | 3410.28 | 0.12 | 54.82 |
| Guided DropEdge | 6.41 | 5.44 | 57.02 | 375.88 | 0.32 | 38.75 |
| GCN | 158.25 | 195.64 | 805.58 | 1485.25 | 10.25 | 330.21 |
| ResGCN | 164.52 | 210.57 | 964.18 | 1467.28 | 11.05 | 328.14 |
| JKNet | 475.84 | 575.68 | 2901.59 | 5234.71 | 42.56 | 1100.25 |
| IncepGCN | 485.27 | 585.69 | 2854.73 | 5301.48 | 43.11 | 1148.56 |

# 第 4 章 基于拓扑结构自适应的图神经网络模型

(a) Cora

(b) CiteSeer

(c) PubMed

(d) Computers

(e) Texas

(f) Chameleon

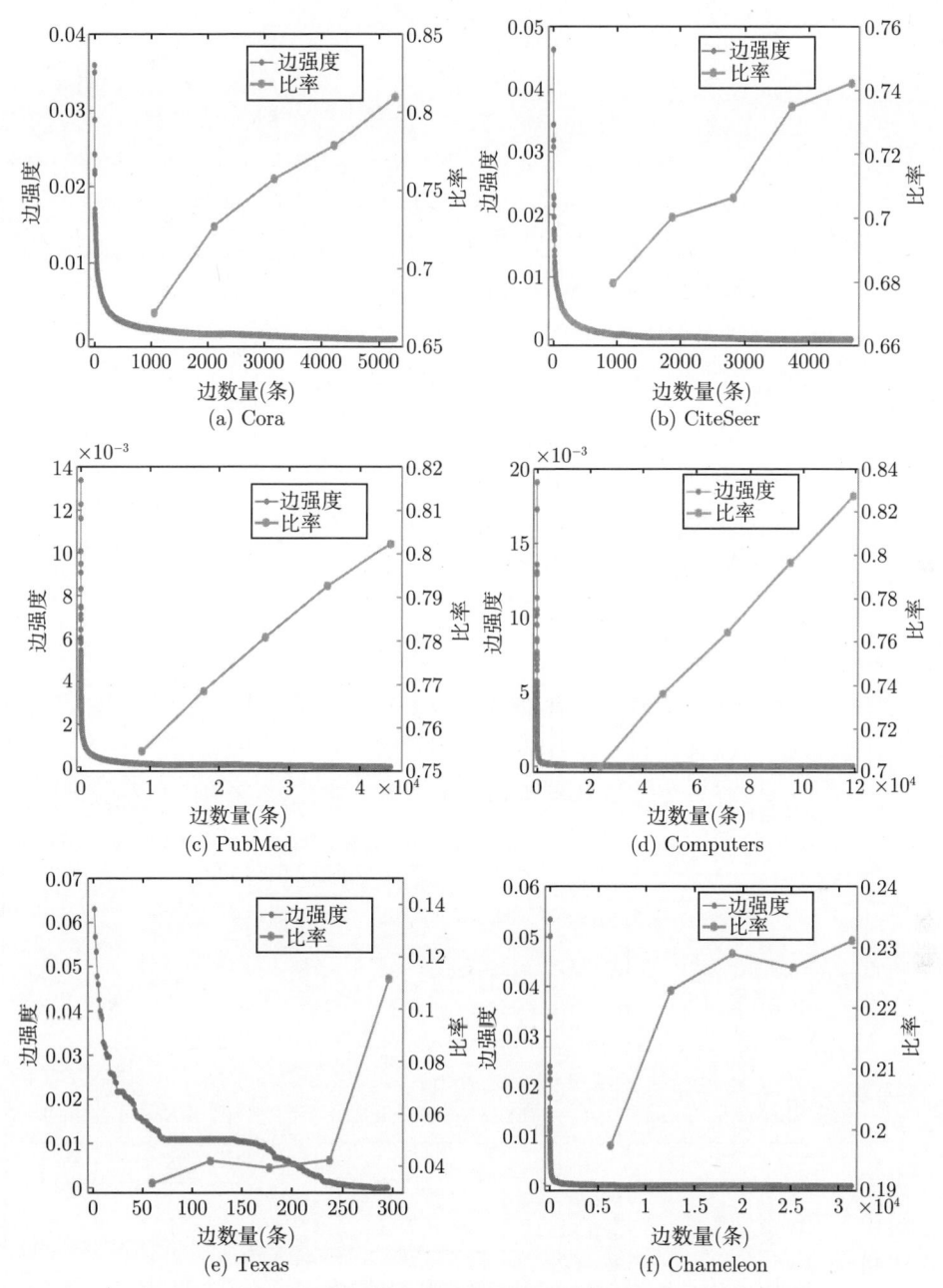

图 4.6 六个网络数据集上边强度和类内/类间边比率之间的关系

如前所述，前两个模块可以离线执行并服务于多个图神经网络模型，在线算法的时间复杂度仅与选定的图神经网络模型有关。因此，本节所提出的方法是高

#### 4.3.2.4 GUIDE 在不同深度上的性能

为了进一步验证所提方法的有效性，我们在不同深度研究了所提方法的有效性。在 Cora、PubMed 和 Chameleon 数据集上，比较了四种图神经网络主干方法在不同深度下的分类性能，分别采用了原始 (Original) 方法、DropEdge 和提出的 GUIDE 方法进行测试，结果如图 4.7 所示。

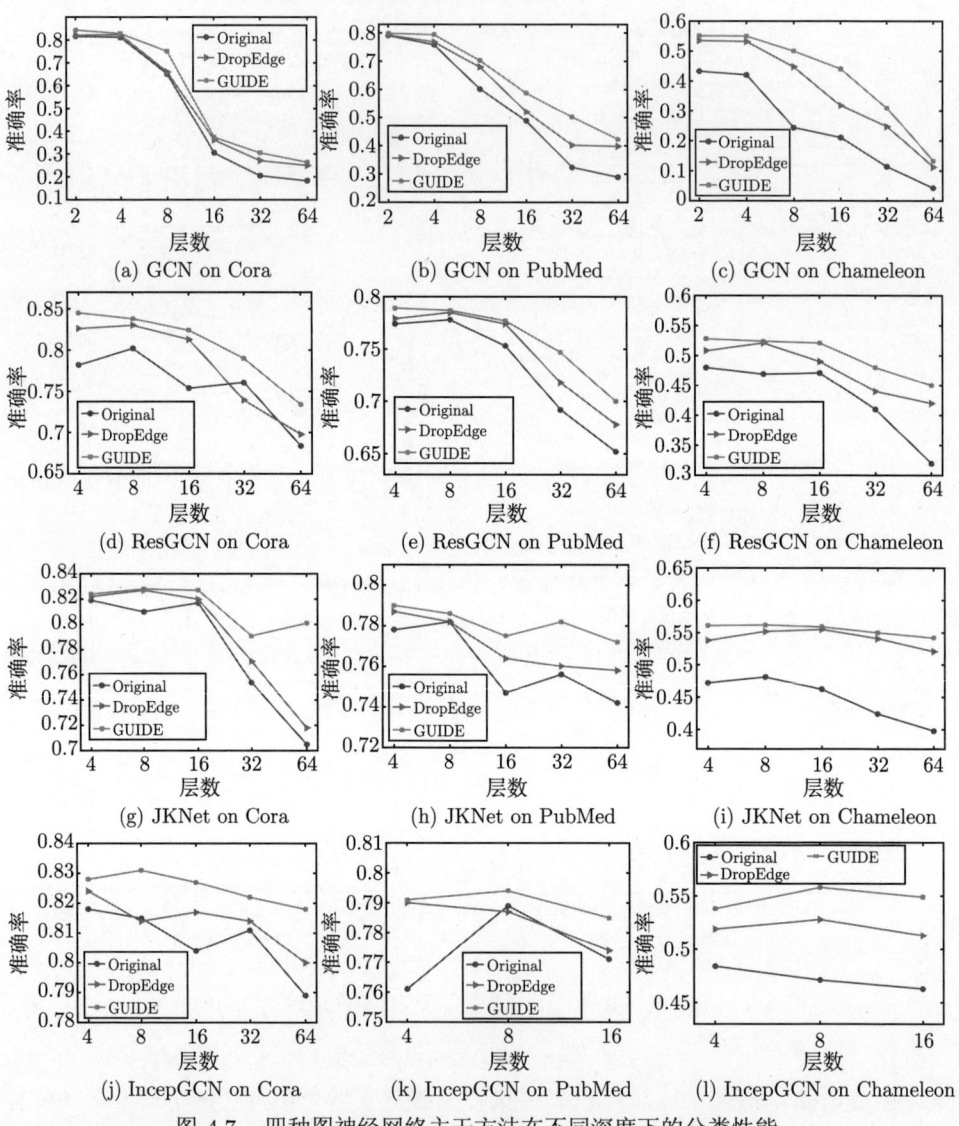

图 4.7 四种图神经网络主干方法在不同深度下的分类性能

需要指出的是，IncepGCN 模型在 32 层和 64 层的 PubMed 和 Chameleon 数据集上引发了内存不足 (OOM) 问题，而 ResGCN、JKNet 和 IncepGCN 的模型至少有 3 层，因此从 4 层开始训练这些模型。据观察，在所有情况下，与原始方法和 DropEdge 相比，GUIDE 始终得到了最高的精度。对于同一层，GUIDE 的性能优于这两种方法，并减缓了性能下降的速度。这与我们的预期相符，因为所提出的方法可以删除更多的类间边，并保留更多的类内边。此处观察到 DropEdge 在某些情况下的性能低于原始方法，如 Cora 数据集上的 ResGCN-32 和 IncepGCN-8，以及 PubMed 数据集上的 IncepGCN-8。这种现象的原因是 DropEdge 平等地看待所有边，从而删除更多类内边。相比之下，提出的方法 GUIDE 通过从输入图中执行有指导的删除边来消除 DropEdge 方法中的随机性。因此，所提出的方法在所有图神经网络主干和层上都有了很大的改进，特别是在 IncepGCN 主干上有了更明显的改进。

#### 4.3.2.5 过平滑分析

进一步地，本节使用 MADGap[95] 来研究所提出的方法，该指标专门用来度量节点表示的过平滑度。MADGap 的定义如下：

$$\text{MADGap} = \text{MAD}^{\text{rmt}} - \text{MAD}^{\text{neb}}$$

式中，$\text{MAD}^{\text{rmt}}$ 和 $\text{MAD}^{\text{neb}}$ 的值分别表示图中远距离节点和近邻节点相对于目标节点的平均距离。MADGap 值越小，表示过平滑问题越严重。根据文献 [95] 中的建议，分别基于节点的 order $\leqslant$ 3 和 order $\geqslant$ 8 来计算 $\text{MAD}^{\text{rmt}}$ 和 $\text{MAD}^{\text{neb}}$。

图 4.8 展示了 GCN 主干下 Cora、PubMed 和 Chameleon 数据集上最后一层表示的 MADGap 值。其他数据集和主干网也有类似的结果。可以看出，随着层数的增加，这三种方法的 MADGap 值降低。

然而，与其他两种方法相比，所提出的 GUIDE 在所有层中产生了更高的 MADGap 值，并且在大多数情况下，随着层数的增加，所提出方法的性能优势更加明显。考虑到图 4.7 中的准确率和图 4.8 中的过平滑度量，实验结果也验证了文献 [95] 的发现，即 MADGap 确实与准确率高度相关。这一结果表明，所提出的方法可以有效地缓解过平滑问题。

#### 4.3.2.6 参数分析

本节将分析 GUIDE 中超参数的敏感性。超参数 $p$ 控制着从输入图中删除的边的数量。分别在图 4.9(a) 和图 4.9(b) 中的 Cora 数据集上显示了在不同删除边的比率 $p$ 下，浅层 (2、4 和 8 层) 和深层 (16、32 和 64 层) 图神经网络的分类精度。

(a) MADGap on Cora

(b) MADGap on PubMed

(c) MADGap on Chameleon

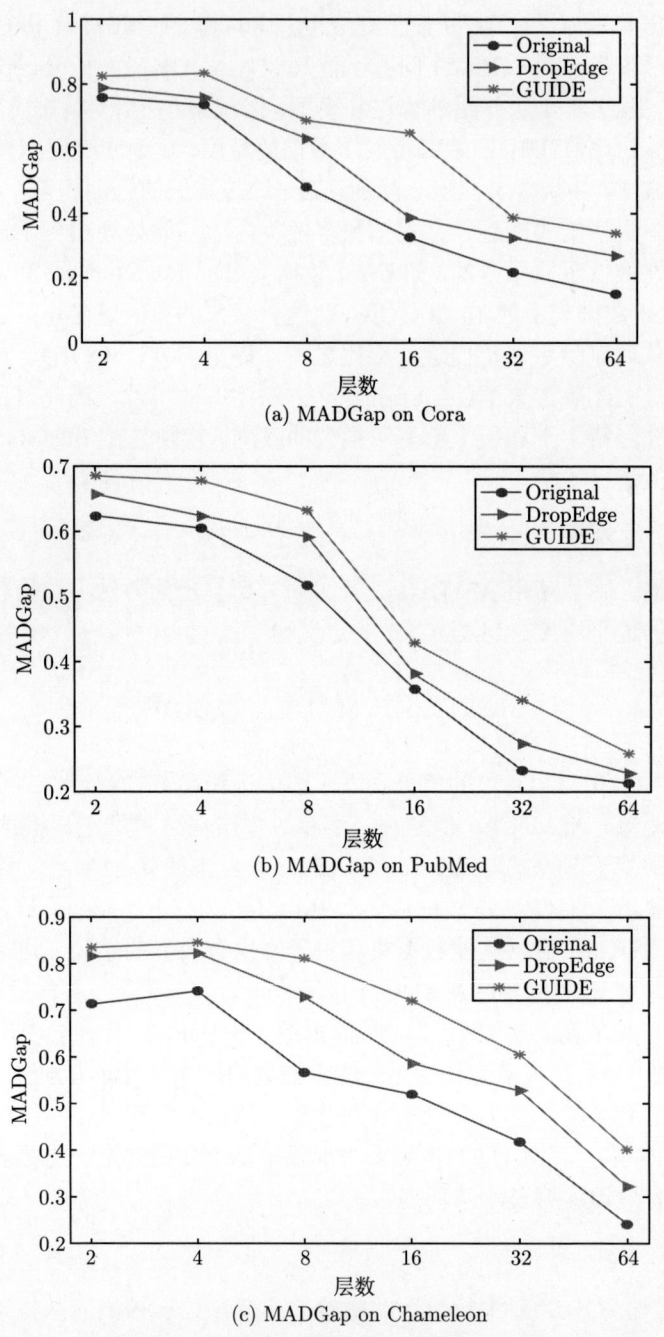

图 4.8　原始方法、DropEdge 和 GUIDE 在 MADGap 上的结果

可以观察到，当设置 $p=0$ 时，所提出的模型相当于训练原始的 GCN，当 $p$ 的值增加时，性能得到了提高，因为该模型有指导地删除了更多的边，减少了类之间的信息交互。然而，当 $p$ 使用较大的值时将导致拓扑信息的过度丢失，从而导致性能不佳。根据经验发现，将 $p$ 设置为相对较小的值，即 $p \in [0.2, 0.4]$ 通常会在浅层和深层获得令人满意的结果。

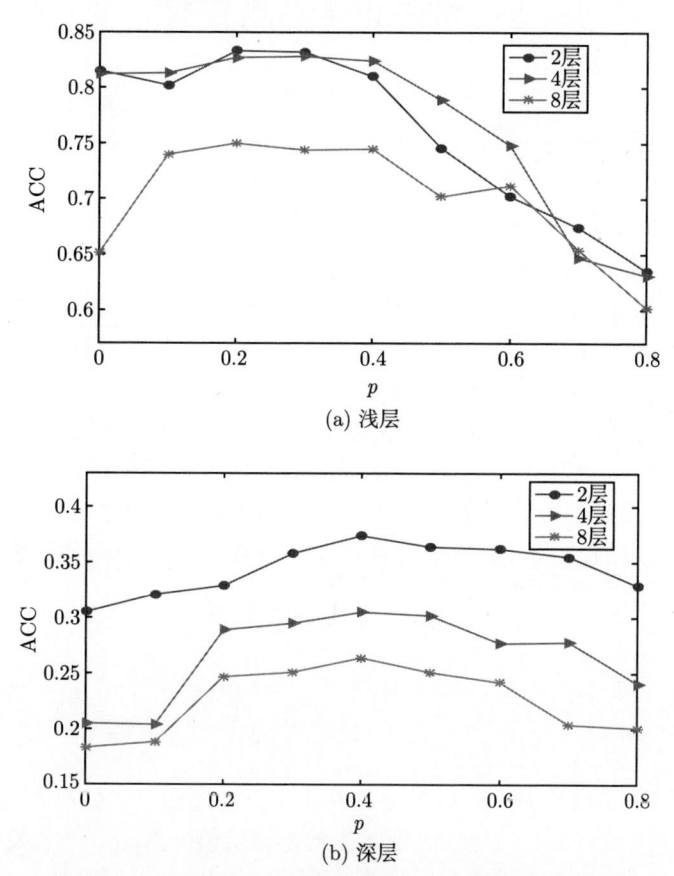

图 4.9　超参数对浅层和深层图神经网络敏感性的实验

## 4.4　本章小结

本章首先提出了一个基于拓扑结构自适应的图神经网络模型，该模型首先定义了边强度，并通过实验证明其可以很好地反映类间边和类内边的分布。然后在每个训练阶段中，根据边强度删除一定数量的边以有效地减少类间信息的传播，从而缓解图神经网络的过平滑问题。最后，在六个不同类型的网络数据集上分类精度的实验结果表明，通过增强全局结构信息，所提出的方法获得了最优的结果。

# 第 5 章 图结构与节点属性联合学习的变分图自编码器模型

如何对可用的图信息有效地建模,以缓解对监督信息的过度依赖,是图神经网络面临的挑战和机遇。最近的研究工作表明,自监督学习在该方向能够发挥极大的作用。其中,基于预测的图自监督学习方法,特别是基于自编码器的图表示学习受到了广泛关注。然而,这类方法面临着自监督信息缺失且包含噪声的问题。首先,大多数图自编码器忽略了图结构或节点属性的重构,导致获得的潜在表示较差。其次,对于现有的图自编码器模型,其编码器和解码器主要由初始图卷积网络 (GCN) 或其变体组成。这些传统的基于 GCN 的图自编码器或多或少会遇到不完全过滤 (噪声) 的问题,这导致这些模型在实际应用中不稳定。为了解决上述问题,本章提出了图结构和节点属性联合学习的变分图自编码器模型。具体来说,所提出的模型对图结构数据中的节点属性和图结构进行了综合编码和解码。此外,在图信号处理的基础上设计了新的编码器和解码器,缓解了自监督信号存在噪声的问题。实验结果表明,通过图结构和节点属性自监督信息的增强,所提出的方法在节点聚类、链接预测和可视化的实验上均获得了更好的性能。

## 5.1 引言

作为捕获和建模数据中复杂关系的基本工具,图在各种数据挖掘和机器学习任务中发挥着重要作用,如何挖掘图数据的丰富价值一直是一个重要的研究方向。然而,传统的图方法面临计算复杂度高、非并行性和稀疏性[42]等问题。最近,图表示学习已成为一种通用方法,它将图结构数据转换为低维、紧凑、连续的特征空间,以保留图结构、节点属性及其他信息,用于图分析[192,193]。此外,通过学习节点的表示,使用标准的机器学习工具可以轻松地解决图上的许多下游挖掘和预测任务。其中,基于深度学习的算法,尤其是基于图自编码器[127-129] 的方法被广泛应用于图表示学习。遵循自编码器的原理,图自编码器需要考虑如下两个关键问题:如何挖掘网络数据中的自监督信息及如何编码和解码挖掘到的自监督信息。

针对上述问题,我们认为节点属性和图结构可以看作网络数据的两个不同视角，可以作为重要的网络自监督信号。重要的是，它们都有着一定程度的互补信息。然而，仅重构图结构会浪费节点属性的信息，而仅重构节点属性可能会忽略图结构信息。因此，编码器和解码器必须充分利用这两种信息。此外，我们须为图自编码器所承担的任务设计特殊的图编码器和解码器。具体来说，图编码器的任务是将节点嵌入一个新的空间中，使每个节点的潜在表示接近其邻居；解码器的作用与编码器正好相反，通过使每个节点的潜在表示远离其邻居，从表示空间恢复到原始空间。

然而，现有的图自编码器方法存在一些问题：① 大多数现有的图自编码器算法只重构邻接矩阵 $A$ 或节点属性矩阵 $X$，而无法同时重构二者，所以这些方法很难找到有意义的潜在表征。② 现有的图自编码器[127-129] 通常使用图卷积网络 (GCN) 的初始版本或其变体来组成编码器和解码器。然而，最初的图卷积网络方法中存在一些固有的缺陷，这些传统的自编码器模型或多或少会遇到不完全过滤的问题，即存在噪声问题，这导致这些模型在实际应用中变得不稳定[90]。

为此，本章提出了一种新的变分图自编码器模型 (GASN)，将图结构和节点属性进行联合学习。首先，本模型设计了一个新的编码器以对图结构和节点属性进行编码，该编码器是一个完全低通的图过滤器。然后，设计了一个新的高通图解码器以重构节点属性矩阵 $X$。同时利用潜在向量的内积构建对图结构信息的解码器。最后，图编码器和两个子解码器在一个统一的框架中进行联合优化，以使编码器和两个子解码器能相互受益，最终实现更好的图表示学习。实验结果验证了提出的模型在节点聚类、链接预测和可视化三个任务上的有效性。本章的贡献可以总结如下：

(1) 本章提出了一种新的端到端的变分图自编码器，它可以同时编码和解码邻接矩阵 $A$ 和节点属性矩阵 $X$ 两种重要的图自监督信号。

(2) 本章构造了一个新的完全低通的图滤波器来编码邻接矩阵 $A$ 和节点属性矩阵 $X$。

(3) 本章设计了一个完全高通的图滤波器组成的图解码器来有效地重构节点属性矩阵 $X$。

(4) 所提出的模型与其他基线技术相比，在节点聚类、链接预测和可视化任务方面显示了最先进的性能。

本章的其余部分内容如下：5.2 节介绍本章所用符号及一些相关的基础知识。5.3 节介绍所提出的图结构与节点属性联合学习的变分图自编码模型。5.4 节进行一系列实验来评估所提出方法的性能。5.5 节给出结论。

## 5.2 预备知识

在本节中，我们首先介绍本章中使用的符号，然后介绍图卷积网络和图信号处理的一些基本知识。

### 5.2.1 符号及其含义

我们考虑一般无向图 $\mathcal{G} = (V, E, \boldsymbol{X})$ 的图表示学习，其中 $V = \{v_1, v_2, \cdots, v_N\}$ 表示节点的集合，$N$ 表示节点的数目；$E$ 表示边的集合，且 $e_{i,j} = <v_i, v_j> \in E$ 表示节点 $v_i$ 和 $v_j$ 间的边。图 $\mathcal{G}$ 的结构可以用邻接矩阵 $\boldsymbol{A} \in \mathbb{R}^{N \times N}$ 来表示，且 $a_{i,j}$ 表示矩阵 $\boldsymbol{A}$ 在第 $i$ 行和第 $j$ 列的元素；如果 $e_{i,j} \in E$，则 $a_{i,j} = 1$，否则 $a_{i,j} = 0$。此外，我们将与图关联的节点属性矩阵表示为 $\boldsymbol{X} \in \mathbb{R}^{N \times F}$，其中 $F$ 是特征的维度，且 $\boldsymbol{x}_i \in \mathbb{R}^F$ 代表矩阵 $\boldsymbol{X}$ 的第 $i$ 行。给定节点属性矩阵 $\boldsymbol{X}$ 和邻接矩阵 $\boldsymbol{A}$，我们的目标是以矩阵 $\boldsymbol{Z} \in \mathbb{R}^{N \times H}$ 的形式学习所有节点的潜在表示，其中，$H$ 是学习的潜在表示的维数。$\boldsymbol{z}_i \in \mathbb{R}^H$ 对应于矩阵 $\boldsymbol{Z}$ 的第 $i$ 行，它表示节点 $v_i$ 的潜在表示。

### 5.2.2 图卷积神经网络

作为最流行的图神经网络 (GNN) 方法，图卷积神经网络 (GCN) 方法[47] 推广了卷积神经网络 (CNN) 方法[194] 在非欧氏域上的应用，并在各种任务中取得了巨大成功，它使用切比雪夫多项式的一阶近似：

$$g_\theta \star \boldsymbol{x} \approx \theta \left( \boldsymbol{I}_N + \boldsymbol{D}^{-\frac{1}{2}} \boldsymbol{A} \boldsymbol{D}^{-\frac{1}{2}} \right) \boldsymbol{X} \tag{5.1}$$

然而，$\boldsymbol{D}^{-\frac{1}{2}} \boldsymbol{A} \boldsymbol{D}^{-\frac{1}{2}}$ 的特征值范围是 $[0, 2]$，$\boldsymbol{I}_N + \boldsymbol{D}^{-\frac{1}{2}} \boldsymbol{A} \boldsymbol{D}^{-\frac{1}{2}}$ 的谱半径是 2，如文献 [47] 所述，重复使用这个算子会导致数值不稳定。为了解决数值不稳定的问题，GCN 对邻接矩阵 $\boldsymbol{A}$ 使用重正化技巧，通过向每个顶点添加一个自循环 $\tilde{\boldsymbol{A}} = \boldsymbol{A} + \boldsymbol{I}$，关联度矩阵 $\tilde{\boldsymbol{D}} = \boldsymbol{D} + \boldsymbol{I}$。然后，新的对称归一化矩阵表示为 $\tilde{\boldsymbol{A}}_{(\text{GCN, s})} = \tilde{\boldsymbol{D}}^{-\frac{1}{2}} \tilde{\boldsymbol{A}} \tilde{\boldsymbol{D}}^{-\frac{1}{2}}$。因此，单层 GCN 的定义如下：

$$\boldsymbol{Z}^{(m+1)} = \sigma(\tilde{\boldsymbol{A}}_{(\text{GCN, s})} \boldsymbol{Z}^{(m)} \boldsymbol{W}^{(m)}) \tag{5.2}$$

式中，$\boldsymbol{Z}^{(m)}$ 是第 $m$ 层学到的潜在表示，其中 $\boldsymbol{Z}^{(0)} = \boldsymbol{X}$。$\boldsymbol{W}^{(m)}$ 是第 $m$ 层的参数，$\sigma$ 表示激活函数，如 $\text{ReLU}(\cdot) = \max(0, \cdot)$。GCN 的大多数变体都基于式(5.2)，图自编码器的大多数成功应用和扩展[127–129,195,196] 都依赖于 GCN[47] 对图进行编码。

### 5.2.3 图信号处理

在图信号处理领域 [197]，拉普拉斯矩阵的特征值和特征向量对应于经典谐波分析中的频率和傅里叶基。拉普拉斯矩阵定义为 $L = D - A$，其中 $D$ 是度矩阵。拉普拉斯矩阵可以特征分解为 $L = U\Lambda U^{-1}$，其中 $\Lambda = \mathrm{diag}(\lambda_1, \lambda_2, \cdots, \lambda_n)$，$(\lambda_i)_{1 \leqslant i \leqslant n}$ 是特征值，并且 $U = (u_1, u_2, \cdots, u_n)$，$(u_i)_{1 \leqslant i \leqslant n}$ 是对应的正交特征向量。$L_\mathrm{s} = D^{-\frac{1}{2}} L D^{-\frac{1}{2}}$ 为对称归一化图的拉普拉斯算子。特征值 $(\lambda_i)_{1 \leqslant i \leqslant n}$ 可以被认为是频率，对应的特征向量 $(u_i)_{1 \leqslant i \leqslant n}$ 可以认为是傅里叶基。$L_\mathrm{s} = D^{-\frac{1}{2}} L D^{-\frac{1}{2}}$ 特征值 $(\lambda_i)_{1 \leqslant i \leqslant n}$ 的范围是 $[0, 2]$。图信号 $f$ 可以分解为基本信号的线性组合 $(u_i)_{i \leqslant i \leqslant n}$ [90]：

$$f = Uc = \sum_i c_i u_i$$

其中，$c = (c_1, c_2, \cdots, c_n)^\mathrm{T}$，$c_i$ 是特征向量 $u_i$ 的系数。系数的大小 $|c_i|$ 表示基信号 $u_i$ 的强度。基信号 $u_i$ 的平滑度由特征值 $\lambda_i$ 度量：

$$\sum_{e_{j,k} \in E} a_{j,k} [u_i(j) - u_i(k)]^2 = u_i^\mathrm{T} L u_i = \lambda_i$$

图滤波的基本思想是设计一个合适的图滤波器，从而产生下游任务所需的信号。图滤波器是一个将图信号作为输入并输出新信号的函数。线性图滤波器可以表示为矩阵 $G \in \mathbb{R}^{N \times N}$，定义为

$$G = Up(\Lambda)U^{-1}$$

式中，$p(\Lambda) = \mathrm{diag}\left(p(\lambda_1), p(\lambda_2), \cdots, p(\lambda_n)\right)$，频率响应函数为 $p(\cdot): \mathbb{R} \to \mathbb{R}$。因此，输出信号可以写成

$$\bar{f} = Gf = Up(\Lambda)U^{-1} \cdot Uc = \sum_i p(\lambda_i) c_i u_i \tag{5.3}$$

**定义 5.1 完全低通图滤波器**：完全低通图滤波器是一种滤波器，其频率响应函数 $p(\cdot): \mathbb{R} \to \mathbb{R}_+$ 是关于 $\lambda$ 的递减函数。

根据定义 5.1，完全低通图滤波器获得平滑的图输出信号 $\bar{f}$，该信号主要由低频基信号组成，每个节点的潜在表示接近其邻居。因此，从式 (5.3) 来看，如果我们保留低频信号并抑制高频信号，那么 $p(\lambda_i)$ 对于较小的 $\lambda_i$ 其值应该较大。接下来，我们将 GCN[47] 的图滤波器形式化为

$$\tilde{A}_{\mathrm{GCN, s}} = \tilde{D}^{-\frac{1}{2}} \tilde{A} \tilde{D}^{-\frac{1}{2}} = I - \tilde{L}_\mathrm{s} = U(I - \tilde{\Lambda})U^{-1} \tag{5.4}$$

该图滤波器的频率响应函数为 $p_{\text{GCN}}(\tilde{\lambda}_i) = 1 - \tilde{\lambda}_i$，其中 $\tilde{L}_s = \tilde{D}^{-\frac{1}{2}} \tilde{L} \tilde{D}^{-\frac{1}{2}}$ 是对称规范化的拉普拉斯矩阵。$\tilde{\lambda}_i$ 的范围是 $[0,2]$，因此，GCN 在 $\tilde{\lambda}_i$ 位于 $[0,1]$ 区间是完全低通的，但在 $[1,2]$ 区间内则不是。当 $\tilde{\lambda}_i > 1$ 时，$p_{\text{GCN}}(\tilde{\lambda}_i)$ 将得到负值，这将引入噪声并破坏性能。这意味着 GCN 不是一个完全低通的图滤波器。因此，在 5.3.2 节中，我们设计了一个完全低通的图滤波器，以对图数据进行编码。

**定义 5.2  完全高通图滤波器**：完全高通图滤波器是一种滤波器，其频率响应函数 $p(\cdot): \mathbb{R} \to \mathbb{R}_+$ 是关于 $\lambda$ 的递增函数。

根据定义 5.2，完全高通图滤波器获得不平滑的图输出信号 $\bar{f}$，该信号主要由高频基信号组成，这使得每个节点的潜在表示远离其邻居。与完全低通图滤波器相反，如果我们保留高频信号并抑制低频信号，$p(\lambda_i)$ 随着 $\lambda_i$ 的变大而变大。

对于 GALA[129] 中的解码器：

$$H^{(m+1)} = \sigma(\hat{D}^{-\frac{1}{2}} \hat{A} \hat{D}^{-\frac{1}{2}} H^{(m)} W^{(m)}) \tag{5.5}$$

其中，$\hat{A} = 2I_n - A$ 且 $\hat{D} = 2I_n + D$，新的对称归一化拉普拉斯矩阵表示为 $\hat{A}_{\text{GALA, s}} = \hat{D}^{-\frac{1}{2}} \hat{A} \hat{D}^{-\frac{1}{2}}$。因此，GALA 中解码器的图滤波器为

$$\hat{A}_{\text{GALA, s}} = -I + 4\hat{D}^{-1} + \tilde{L}_s = U(-I + 4\hat{D}^{-1} + \tilde{\Lambda})U^{-1} \tag{5.6}$$

该图滤波器的频率响应函数为 $p_{\text{GALA}}(\tilde{\lambda}_i) = -1 + \dfrac{4}{\hat{d}_{i,i}} + \tilde{\lambda}_i$，其中 $\hat{d}_{i,i}$ 是 $\hat{D}$ 中第 $i$ 个对角线元素，其范围为 $\hat{d}_{i,i} \in [2, N+2]$。当 $\tilde{\lambda}_i < 1$ 时，图滤波器的频率响应函数 $p_{\text{GALA}}(\tilde{\lambda}_i)$ 可能会引入噪声的负值。因此，$p_{\text{GALA}}(\tilde{\lambda}_i)$ 在 $[0,2]$ 区间内不是完全高通滤波器。为了解决上述问题，在 5.3.3.2 节，我们设计了一个新的完全高通图解码器，用于重构节点属性矩阵 $X$。

## 5.3  图结构与节点属性联合学习的变分图自编码器模型介绍

在本节中，我们将介绍我们提出的方法。首先展示总体框架，然后详细介绍编码器、解码器及优化等技术细节。

### 5.3.1  总体框架

我们的目标是学习给定图 $\mathcal{G} = (V, E, X)$ 的潜在表示。如图 5.1 所示，首先，在计算节点表示时，GASN 不单独重构邻接矩阵 $A$ 或节点属性矩阵 $X$，而是同时对这两个重要的网络属性进行重构，充分挖掘网络数据中的自监督信号。其次，在执行编码时，我们设计了一个完全低通的图滤波器，见 5.3.2 节。此外，为了重构 $X$，我们在 5.3.3.2 节设计了一个新的完全高通的滤波器。最后，在 5.3.4 节中描述了优化方法。

图 5.1 GASN 总体框架图

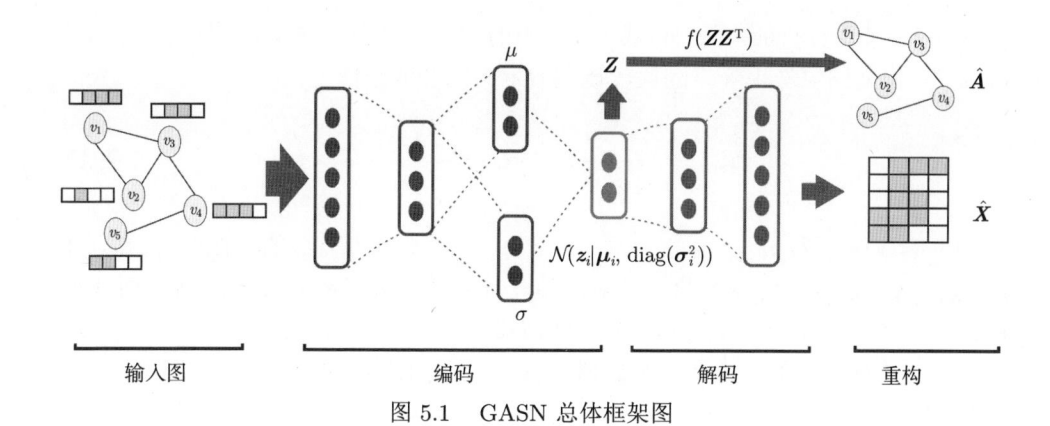

## 5.3.2 编码器

在本节中,我们将介绍图编码器的详细实现。给定一个图 $\mathcal{G}$,编码器 $Z = f(A, X)$ 的目的是将节点 $v_i \in V$ 嵌入低维向量 $z_i \in \mathbb{R}^H$ 中。其中,$Z$ 为节点的表示,其很好地保留了邻接矩阵 $A$ 及节点属性矩阵 $X$,并使每个节点的表示与其相邻节点的表示相似。根据变分自编码器的框架,编码器由变分后验 $q(Z|\mathcal{G})$ 定义,形式化如下:

$$q(Z|A, X) = \prod_{i=1}^{n} q(z_i|A, X), \quad q(z_i|A, X) = \mathcal{N}\left(z_i|\mu_i, \text{diag}\left(\sigma_i^2\right)\right) \tag{5.7}$$

其中,高斯参数从两个图神经网络中学习,即 $\mu = \text{GNN}_\mu(X, A)$ 是平均向量的矩阵,类似地,$\lg\sigma = \text{GNN}_\sigma(X, A)$。潜在向量 $z_i$ 从这个分布中抽取样本。

具体地,我们设计了一种新的卷积神经网络的变体 [47] 作为图编码器。第 $m$ 层编码器定义为

$$Z^{(m+1)} = \sigma(\tilde{D}^{-\frac{1}{2}} \tilde{A}_{\text{en}} \tilde{D}^{-\frac{1}{2}} Z^{(m)} W^{(m)}) \tag{5.8}$$

其中,$\tilde{A}_{\text{en}}$ 设计为

$$\tilde{A}_{\text{en}} = \frac{\tilde{A} + \tilde{D}}{2} \tag{5.9}$$

$\tilde{A} = A + I$,相应的度矩阵为 $\tilde{D} = D + I$。

接下来,我们可以得到新的对称归一化图拉普拉斯矩阵:

$$\tilde{A}_{\text{en, s}} = \tilde{D}^{-\frac{1}{2}} \tilde{A}_{\text{en}} \tilde{D}^{-\frac{1}{2}} = I - \frac{1}{2}\tilde{L}_{\text{s}} \tag{5.10}$$

正如 5.2.3 节所分析的，我们将式 (5.10) 中的 $\tilde{A}_{\text{en, s}}$ 作为图滤波器，且将式 (5.8) 中的 $Z^{(m)}$ 作为图信号矩阵。因此，该编码器中的图滤波器为

$$\tilde{A}_{\text{en, s}} = I - \frac{1}{2}\tilde{L}_{\text{s}} = U(I - \frac{1}{2}\tilde{\Lambda})U^{-1} \tag{5.11}$$

其频率响应函数为 $p_{\text{Encoder}}(\tilde{\lambda}_i) = 1 - \frac{1}{2}\tilde{\lambda}_i$。由于特征值 $\tilde{\lambda}_i$ 的范围是 $[0,2]$，而 $p_{\text{Encoder}}(\tilde{\lambda}_i)$ 是一个递减函数，其响应值是非负的，并且随着频率的增加而减小，因此，图滤波器是一个完全低通的图滤波器。

进一步地，我们考虑两层编码器 $\tilde{A}_{\text{en, s}}$，采用以下简单形式：

$$\boldsymbol{\mu} = \text{GNN}_{\boldsymbol{\mu}}(\boldsymbol{X}, \boldsymbol{A}) = \tilde{\boldsymbol{A}}_{\text{en, s}} \text{ReLU}\left(\tilde{\boldsymbol{A}}_{\text{en, s}} \boldsymbol{X} \boldsymbol{W}^{(1)}\right) \boldsymbol{W}_{\boldsymbol{\mu}}^{(2)} \tag{5.12}$$

$$\lg \boldsymbol{\sigma} = \text{GNN}_{\boldsymbol{\sigma}}(\boldsymbol{X}, \boldsymbol{A}) = \tilde{\boldsymbol{A}}_{\text{en, s}} \text{ReLU}\left(\tilde{\boldsymbol{A}}_{\text{en, s}} \boldsymbol{X} \boldsymbol{W}^{(1)}\right) \boldsymbol{W}_{\boldsymbol{\sigma}}^{(2)} \tag{5.13}$$

其中，$\text{GNN}_{\boldsymbol{\mu}}(\boldsymbol{X}, \boldsymbol{A})$ 和 $\text{GNN}_{\boldsymbol{\sigma}}(\boldsymbol{X}, \boldsymbol{A})$ 共享第一层的参数 $\boldsymbol{W}^{(1)}$。$\boldsymbol{W}_{\boldsymbol{\mu}}^{(2)}$ 和 $\boldsymbol{W}_{\boldsymbol{\sigma}}^{(2)}$ 分别为 $\text{GNN}_{\boldsymbol{\mu}}(\boldsymbol{X}, \boldsymbol{A})$ 和 $\text{GNN}_{\boldsymbol{\sigma}}(\boldsymbol{X}, \boldsymbol{A})$ 的第二层参数。然后，潜在变量 $\boldsymbol{z}_i$ 从如下分布，即 $q(\boldsymbol{z}_i|\boldsymbol{A}, \boldsymbol{X}) = \mathcal{N}(\boldsymbol{z}_i|\boldsymbol{\mu}_i, \text{diag}(\boldsymbol{\sigma}_i^2))$ 中采样获得。

### 5.3.3 解码器

我们的解码器用于重构邻接矩阵 $\boldsymbol{A}$ 和节点属性矩阵 $\boldsymbol{X}$。接下来，我们将介绍两个子解码器，分别用于重构 $\boldsymbol{A}$ 和 $\boldsymbol{X}$。

#### 5.3.3.1 用于重构 $\boldsymbol{A}$ 的解码器

我们使用变分图自编码器 (GVAE)[127] 中引入的内积解码器来重构邻接矩阵 $\boldsymbol{A}$：

$$p(\hat{\boldsymbol{A}}|\boldsymbol{Z}) = \prod_{i=1}^{n}\prod_{j=1}^{n} p\left(\hat{\boldsymbol{A}}_{ij}|\boldsymbol{z}_i, \boldsymbol{z}_j\right)$$

式中，$\hat{\boldsymbol{A}}$ 是重构的邻接矩阵并且

$$p\left(\hat{\boldsymbol{A}}_{ij}=1|\boldsymbol{z}_i, \boldsymbol{z}_j\right) = \text{sigmoid}\left(\boldsymbol{z}_i^{\text{T}}, \boldsymbol{z}_j\right)$$

因此，在解码器中使用获得的节点表示来重构邻接矩阵 $\boldsymbol{A}$：

$$\hat{\boldsymbol{A}} = \text{sigmoid}\left(\boldsymbol{Z}\boldsymbol{Z}^{\text{T}}\right), \quad \boldsymbol{Z} = q(\boldsymbol{Z}|\boldsymbol{X}, \boldsymbol{A}) \tag{5.14}$$

### 5.3.3.2 用于重构 $X$ 的解码器

用于重构 $X$ 的解码器是一个使每个节点的重构特征远离其表示空间中相邻节点的质心的过程。然而，原始的图卷积神经网络和我们在式 (5.8) 中提出的编码器是低通滤波器，使得每个节点的表示类似于其相邻节点的表示，这与重构目的相冲突。因此，上述方法不适合作为重构 $X$ 的解码器。所以，设计了一个完全高通的图滤波器作为解码器。

新解码器的第 $m$ 层定义为

$$Z^{(m+1)} = \sigma(\tilde{D}^{-\frac{1}{2}} \tilde{A}_{\text{de}} \tilde{D}^{-\frac{1}{2}} Z^{(m)} W^{(m)}) \tag{5.15}$$

并且，$\tilde{A}_{\text{de}}$ 定义为

$$\tilde{A}_{\text{de}} = \frac{\tilde{D} - \tilde{A}}{2} \tag{5.16}$$

其中，$\tilde{A} = A + I$ 且对应的度矩阵为 $\tilde{D} = D + I$。

进一步地，我们得到了新的对称归一化图拉普拉斯矩阵：

$$\tilde{A}_{\text{de, s}} = \tilde{D}^{-\frac{1}{2}} \tilde{A}_{\text{de}} \tilde{D}^{-\frac{1}{2}} = \frac{1}{2} \tilde{L}_{\text{s}} \tag{5.17}$$

因此，该解码器中的图滤波器是

$$\tilde{A}_{\text{de, s}} = \frac{1}{2} \tilde{L}_{\text{s}} = U(\frac{1}{2} \tilde{\Lambda}) U^{-1} \tag{5.18}$$

其频率响应函数为 $p_{\text{Decoder}}(\tilde{\lambda}_i) = \frac{1}{2} \tilde{\lambda}_i$。由于 $p_{\text{Decoder}}(\tilde{\lambda}_i)$ 在 $[0, 2]$ 区间内是关于 $\tilde{\lambda}_i$ 的递增函数并且频率响应值为非负，因此，该图滤波器是一个完全高通的图滤波器。图 5.2(d) 展示了在 GASN 中用于重构 $X$ 的解码器的频率响应函数。

进一步地，我们构造了一个基于邻接矩阵 $\tilde{A}_{\text{de, s}}$ 的两层解码器：

$$\hat{X} = f(Z, A) = \tilde{A}_{\text{de, s}} \text{ReLU}\left(\tilde{A}_{\text{de, s}} Z W^{(3)}\right) W^{(4)}$$

其中，$\hat{X}$ 是重构的节点属性矩阵。

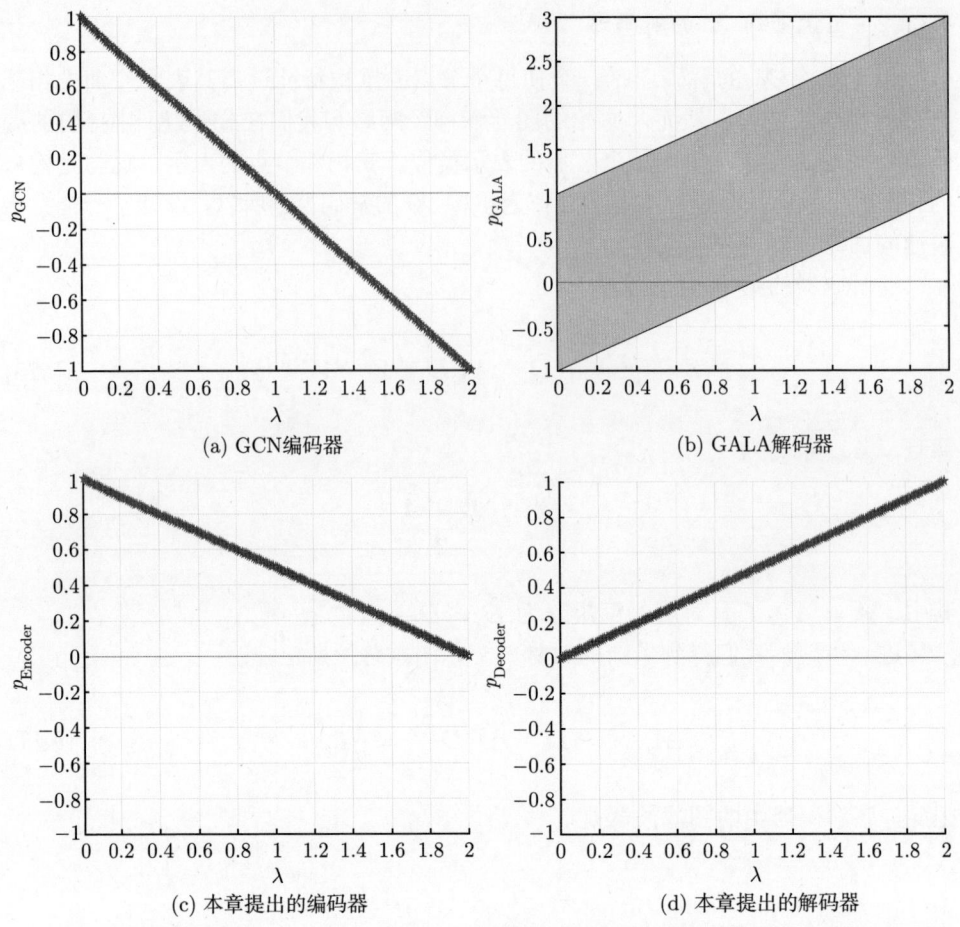

图 5.2 GCN 编码器、GALA 解码器、本章提出的编码器和解码器的频率响应函数

## 5.3.4 优化过程

我们的模型遵循变分图自编码器的框架[127],其中,编码器由变分后验 $q(Z|\mathcal{G})$ 定义,解码器由生成分布 $p(\mathcal{G}|Z)$ 定义。此外,在变分图自编码器中将高斯先验 $p(Z) = \prod_i p(z_i) = \prod_i \mathcal{N}(z_i|\mathbf{0}, \mathbf{I})$ 作为正则化施加在潜在表示上。最后,我们优化变分下限如下:

$$\mathcal{L} = E_{q(Z|(X,A))}[\lg p(\hat{A}, \hat{X}|Z)] - KL[q(Z|X,A) \| p(Z)] \quad (5.19)$$

等式中的第二项是 $q(Z|X, A)$ 和 $p(Z)$ 之间的 KL 散度。而式(5.19)中的第一项是节点属性和图结构的重构损失,即

$$\begin{aligned}
&E_{q(\boldsymbol{Z}|(\boldsymbol{X},\boldsymbol{A}))}[\lg p(\hat{\boldsymbol{A}},\hat{\boldsymbol{X}}|\boldsymbol{Z})]\\
&=E_{q(\boldsymbol{Z}|(\boldsymbol{X},\boldsymbol{A}))}[(1-\eta)\lg p(\hat{\boldsymbol{X}}|\boldsymbol{Z})+\eta\lg p(\hat{\boldsymbol{A}}|\boldsymbol{Z})]\\
&=(1-\eta)E_{q(\boldsymbol{Z}|(\boldsymbol{X},\boldsymbol{A}))}\lg p(\hat{\boldsymbol{X}}|\boldsymbol{Z})+\eta E_{q(\boldsymbol{Z}|(\boldsymbol{X},\boldsymbol{A}))}\lg p(\hat{\boldsymbol{A}}|\boldsymbol{Z})
\end{aligned} \quad (5.20)$$

式中，$E_{q(\boldsymbol{Z}|(\boldsymbol{X},\boldsymbol{A}))}\lg p(\hat{\boldsymbol{X}}|\boldsymbol{Z})$ 表示节点属性的重构损失，$E_{q(\boldsymbol{Z}|(\boldsymbol{X},\boldsymbol{A}))}\lg p(\hat{\boldsymbol{A}}|\boldsymbol{Z})$ 表示图结构的重构损失，$0 \leqslant \eta \leqslant 1$ 是控制图结构重构损失和节点属性重构损失之间权重的超参数。如果 $\eta$ 被设置为足够大，那么它就相当于传统图编码器算法 (GAE)[127]，我们将其定义为 GASN/X，这是我们架构的一个变体，包括除节点属性重构外的所有组件。此外，如果 $\eta$ 被设置为足够小，那么它就相当于传统的 GALA 算法[129]，我们将其定义为 GATE/A，GATE/A 也是我们模型的一个变体，包括除图结构重构外的所有组件。然而，只利用一种图自监督信号是片面的，我们可以设置一个合理的 $\eta$ 来对图结构和节点属性进行重构，以提高潜在表示的鲁棒性。因此，图结构和节点属性的重构损失在一个统一的框架中被联合优化，从而可以产生更好的潜在图表示。本节执行全批量梯度下降，并利用文献 [198] 中的重参数化技巧进行训练。

## 5.4 实验分析

本节中评估了所提出方法的有效性。我们首先介绍了实验设置，然后分别在节点聚类和链接预测任务上评估了我们的模型，并在消融实验中，对模型不同组成部分进行了实验。之后，我们进行了超参数分析。最后，通过图可视化实验进一步验证了模型的有效性。

### 5.4.1 实验设置

#### 5.4.1.1 数据集

我们采用了三个引文网络数据集 (Cora、CiteSeer 和 PubMed)，如表 5.1 所示。

(1) **Cora** 是科学出版物之间的引文网络数据集，由 2708 个节点组成，特征维度为 1433，节点之间有 5429 条边。Cora 的聚类数量为 7 个。

(2) **CiteSeer** 也是科学出版物之间的引用网络数据集，由 3327 个节点组成，特征维度为 3703，节点之间有 4732 条边。CiteSeer 的聚类数量为 6 个。

(3) **PubMed** 由来自 PubMed 数据库的 19717 篇文章组成，每一篇文章都被分配到三个类别中的一个，文章特征向量包含 500 个单词的术语频率逆文档频率 (TF/IDF) 分数。

表 5.1 引文网络数据集

| 数据集 | 节点 | 边 | 特征 | 类别 |
|---|---|---|---|---|
| Cora | 2708 | 5429 | 1433 | 7 |
| CiteSeer | 3327 | 4732 | 3703 | 6 |
| PubMed | 19717 | 44338 | 500 | 3 |

#### 5.4.1.2 参数设置

在实验中，我们构造了一个具有 32 个神经元隐藏层和 16 个神经元嵌入层的编码器，并且 $X$ 的编码器和解码器对于所有数据集都采用对称结构。对于 Cora 和 CiteSeer 数据集，我们对模型进行 200 次迭代，对 PubMed 数据集进行 500 次迭代，因为该数据集相对较大 (拥有 19717 个节点和 44338 条边)。

在每个训练阶段使用完全批次来训练所提出的模型。具体来说，就是在 TensorFlow[175] 环境中运行提出的算法，并使用 Adam[176] 算法进行优化，学习率为 0.001。式(5.20)中的超参数 $\eta$ 在搜索范围 $\{0, 0.05, 0.1, \cdots, 1\}$ 内进行选择。

### 5.4.2 实验结果

#### 5.4.2.1 节点聚类

聚类是将一组物理或抽象对象划分为多个由相似对象组成的类的过程。对于节点的聚类任务，我们首先学习节点的表示，然后在表示的基础上执行 K-means 聚类算法。

我们比较了传统的聚类方法在节点属性聚类、图结构聚类和基于表示的聚类的方法上的差异。这里，我们将聚类方法分为三类。

(1) 仅使用节点属性或图结构的传统聚类方法：K-means、Spectral Clustering 和 DeepWalk。

**K-means** [199]：K-means 是一种仅基于数据特征的经典方法，是我们实验中的基线聚类算法。

**Spectral Clustering** [185]：基于拉普拉斯矩阵特征分解的谱聚类是学习图表示的一种有效方法。我们将嵌入维度设置为 128。

**DeepWalk** [30]：DeepWalk 是一种网络表示方法，它通过模拟图上的随机游动来训练 skip-gram 模型。我们使用与文献 [30] 中相同的维度大小和默认设置。

(2) 基于节点表示的方法同时嵌入节点属性和图结构，但只重构其中一种：GAE/VGAE、ARGE/ARVGE、GALA。

**GAE** [127]：GAE 是最新的基于自编码器的无监督图数据框架，它使用图卷积网络作为编码器，并在编码器中重构图结构。

**VGAE** [127]：VGAE 是一种变分图自编码方法，用于同时学习包含图结构和节点属性信息的图表示学习。VGAE 是 GAE 的变分版本。对于 GAE 和 VGAE，我们构造了一个具有 32 个神经元隐藏层和 16 个神经元嵌入层的编码器。

**ARGE** [128]：ARGE 是一种利用对抗正则化的技术学习自编码器的算法。

**ARVGE** [128]：ARVGE 是 ARGE 的变分变体。对于 ARGE 和 ARVGE，我们构建了一个带有 32 个神经元隐藏层和 16 个神经元嵌入层的编码器，所有鉴别器都是由两个隐藏层 (分别为 16 个神经元和 64 个神经元) 构建的。

请注意，以上四种基于嵌入的方法仅重构图结构。

**GALA** [129]：GALA 是一种对称结构图自编码器方法，只重构节点属性。为了比较公平性，我们为编码器构造了 32~16 层神经元，为解码器构造了 16~32 层神经元。

(3) 基于图表示学习方法不仅嵌入了节点属性和图结构，而且还对它们进行了重构，如 COEM 和我们的模型 GASN。

**COEM** [195]：COEM 是一种重构节点属性和图结构的方法。我们将 COEM 的编码器设置为 32 个神经元隐藏层和 16 个神经元嵌入层。

**GASN**：GASN 算法在编解码阶段充分利用了图的两种重要自监督信号，并根据编解码的目的设计了新的编码器和解码器。

本节使用三个指标来验证聚类结果：准确度 (ACC)、归一化互信息 (NMI) 和调整兰德指数 (ARI)。假设 $C = \{c_1, c_2, \cdots, c_k\}$ 和 $P = \{p_1, p_2, \cdots, p_{k'}\}$ 分别表示 $N$ 对象的聚类结果和数据集的预定义类，$k$ 和 $k'$ 分别表示类 $C$ 和类 $P$ 的个数。$N_{i,j}$ 是聚类 $c_i$ 和预定义类 $p_j$ 的公共对象数；$N_i^c$ 是类 $c_i$ 中的数据点数；且 $N_j^p$ 是类 $p_i$ 中的数据点数。下面给出了三个指标的公式：

聚类准确度 (ACC)。ACC 测量聚类解决方案中正确分类的数据点相对于预定义类标签的百分比。ACC 的定义如下：

$$\text{ACC} = \frac{\sum_{i-1}^{k} \max_{j=1}^{k'} N_{i,j}}{N} \tag{5.21}$$

调整兰德指数 (ARI)。ARI 考虑了存在于同一类簇和不同类簇中的对象数量。ARI 的定义如下：

$$\text{ARI} = \frac{\binom{N}{2} \sum_{i=1}^{k} \sum_{j=1}^{k'} \binom{N_{i,j}}{2} - \left[\sum_{i=1}^{k} \binom{N_i^c}{2} \sum_{j=1}^{k'} \binom{N_j^p}{2}\right]}{\frac{1}{2} \binom{N}{2} \left[\sum_{i=1}^{k} \binom{N_i^c}{2} + \sum_{j=1}^{k'} \binom{N_j^p}{2}\right] - \left[\sum_{i=1}^{k} \binom{N_i^c}{2} \sum_{j=1}^{k'} \binom{N_j^p}{2}\right]} \tag{5.22}$$

归一化互信息 (NMI)。NMI 可以有效地测量随机变量共享的统计信息量，这些随机变量表示对象的簇分配和预定义标签分配：

$$\text{NMI} = \frac{\sum_{i=1}^{k}\sum_{j=1}^{k'} N_{i,j} \lg \frac{N \cdot N_{i,j}}{N_i^c \cdot N_j^p}}{\sqrt{\sum_{i=1}^{k} N_i^c \cdot \lg \frac{N_i^c}{N} \cdot \sum_{j=1}^{k'} N_j^p \cdot \lg \frac{N_j^p}{N}}} \tag{5.23}$$

所有的度量都在区间 [0, 1] 内，其中较高的数值对应着更优的聚类性能。

节点聚类的实验结果如表 5.2 所示。最佳结果以粗体显示。我们可以得到以下观察结果：对于每个数据集，同时嵌入节点属性和图结构的方法比仅嵌入属性的方法 (如 K-means) 和仅嵌入结构的方法 (如 Spectral Clustering 和 DeepWalk) 表现出更好的性能，因为这两种类型的信息描述同一节点的不同方面，并提供补充信息。此外，GASN 的性能优于仅构造图结构的四种嵌入方法，如 GAE/VGAE 和 ARGE/ARVGE，并且优于仅构造节点属性的嵌入方法 GALA。另外，与同时重构节点属性矩阵 $X$ 和邻接矩阵 $A$ 的 COEM 相比，我们的方法仍然保持了性能优势。上述分析表明，我们的模型可以自然地利用图结构和相关的节点属性这两种重要的图自监督信号，这显著提高了多个基准数据集的节点聚类性能。

表 5.2 节点聚类的实验结果

| 方法 | Cora | | | CiteSeer | | | PubMed | | |
|---|---|---|---|---|---|---|---|---|---|
| | ACC | NMI | ARI | ACC | NMI | ARI | ACC | NMI | ARI |
| K-means | 0.492 | 0.321 | 0.229 | 0.540 | 0.305 | 0.278 | 0.595 | 0.315 | 0.281 |
| Spectral | 0.367 | 0.126 | 0.031 | 0.238 | 0.055 | 0.010 | 0.528 | 0.097 | 0.062 |
| DeepWalk | 0.484 | 0.327 | 0.242 | 0.336 | 0.087 | 0.092 | 0.684 | 0.279 | 0.299 |
| GAE | 0.596 | 0.429 | 0.347 | 0.408 | 0.176 | 0.124 | 0.672 | 0.277 | 0.279 |
| VGAE | 0.502 | 0.329 | 0.254 | 0.467 | 0.260 | 0.205 | 0.630 | 0.229 | 0.213 |
| ARGE | 0.640 | 0.449 | 0.352 | 0.573 | 0.350 | 0.341 | 0.668 | 0.305 | 0.295 |
| ARVGE | 0.638 | 0.450 | 0.374 | 0.544 | 0.261 | 0.245 | 0.690 | 0.290 | 0.306 |
| GALA | 0.631 | 0.432 | 0.367 | 0.564 | 0.343 | 0.342 | 0.671 | 0.303 | 0.299 |
| COEM | 0.654 | 0.463 | 0.381 | 0.572 | 0.359 | 0.344 | 0.682 | 0.311 | 0.307 |
| GASN | **0.669** | **0.484** | **0.392** | **0.603** | **0.386** | **0.371** | **0.692** | **0.313** | **0.310** |

#### 5.4.2.2 链接预测

进一步地，我们进行了链接预测的实验，以验证 GASN 的有效性。链接预测就是预测一对节点之间是否存在一条边。按照文献 [127] 中的设置，在我们的实验中，我们将所有边分成三组，20% 的边用于验证，10% 的边用于测试，其他的边用于训练模型。对于验证集和测试集，我们通过随机抽样相等数量的现有和不存在的链接，获得了图的正边和负边的平衡集。验证集用于超参数优化。我们进行了 50 次随机训练/验证/测试拆分。

将提出的模型与用于链接预测任务的最先进的图表示学习算法 (谱聚类[185]、DeepWalk[30]、GAE/VGAE[127]、ARGE/ARVGE[128]、GALA[129]、COEM[195]) 进行了比较。需要指出的是，K-means 不是为图表示学习而设计的，因此这里没有包含该算法。

我们参照文献 [127]，利用 AUC(ROC 曲线下与坐标轴围成的面积) 和 AP(平均精度) 两个指标来评估链接预测的性能。

链接预测的实验结果如表 5.3 所示。可以发现，通过对图结构数据中的两类重要特征进行综合编码和解码，提出的模型 GASN 取得了优异的性能。GASN 在 PubMed 数据集上与 ARGE 的性能相当,我们认为这种性能提升是由 ARGE 中的对抗机制和 PubMed 数据集中的节点相对较大造成的，且基于正态分布的对抗机制在该模型中发挥了作用。值得注意的是，对抗机制也可以很容易地添加到 GASN 中，这将进一步提高模型的性能。此外，我们发现 GAE/VGAE 和 ARGE/ARVGE 的性能优于 GALA，其优越性可能是因为它们将重构的邻接矩阵作为目标，并直接对其进行优化，该目标与链接预测任务高度相关。虽然我们的方法不针对链接预测任务，但 GASN 仍然取得了良好的性能。

表 5.3 链接预测的实验结果

| 方法 | Cora | | CiteSeer | | PubMed | |
| --- | --- | --- | --- | --- | --- | --- |
| | AUC | AP | AUC | AP | AUC | AP |
| Spectral | 0.846 | 0.885 | 0.805 | 0.850 | 0.842 | 0.878 |
| DeepWalk | 0.831 | 0.850 | 0.805 | 0.836 | 0.844 | 0.841 |
| GAE | 0.910 | 0.920 | 0.895 | 0.899 | 0.964 | 0.965 |
| VGAE | 0.914 | 0.926 | 0.908 | 0.920 | 0.944 | 0.947 |
| ARGE | 0.924 | 0.932 | 0.919 | 0.930 | 0.968 | 0.971 |
| ARVGE | 0.924 | 0.926 | 0.924 | 0.930 | 0.965 | 0.968 |
| GALA | 0.907 | 0.910 | 0.904 | 0.916 | 0.942 | 0.948 |
| COEM | 0.928 | 0.935 | 0.926 | 0.941 | 0.961 | 0.965 |
| GASN | **0.938** | **0.942** | **0.935** | **0.951** | **0.968** | **0.972** |

#### 5.4.2.3 消融实验

本节进行了两个消融实验来分析模型中不同组件的有效性。一个消融实验验证了该框架对图结构和节点属性重构的有效性；另一个消融实验验证了所提出的新编码器和解码器的有效性。

在表 5.4 和表 5.5 中，我们研究了提出的模型中使用的两个主要组件对聚类和链接预测任务的影响。这两个组件是由 GASN/X 表示的邻接矩阵重构 (不恢复节点属性的 GASN) 和由 GASN/A 表示的节点属性重构 (不重构邻接矩阵的 GASN)，它们在 5.3.4 节中定义。

从表 5.4 和表 5.5 中可以看出，与基线方法 GASN/A 和 GASN/X 相比，重构图结构和节点属性的 GASN 在节点聚类和链接预测方面具有明显的优势，这表明图结构和节点属性都是图结构数据中的两类重要的自监督信号。

表 5.4 GASN/X 和 GASN/A 上节点聚类的实验结果

| 方法 | Cora |  |  | CiteSeer |  |  | PubMed |  |  |
| --- | --- | --- | --- | --- | --- | --- | --- | --- | --- |
|  | ACC | NMI | ARI | ACC | NMI | ARI | ACC | NMI | ARI |
| GASN/X | 0.605 | 0.430 | 0.335 | 0.528 | 0.303 | 0.298 | 0.665 | 0.273 | 0.262 |
| GASN/A | 0.638 | 0.435 | 0.365 | 0.572 | 0.349 | 0.348 | 0.676 | 0.286 | 0.281 |
| GASN | **0.669** | **0.484** | **0.392** | **0.603** | **0.386** | **0.371** | **0.692** | **0.313** | **0.310** |

表 5.5 GASN/X 和 GASN/A 上链接预测的实验结果

| 方法 | Cora |  | CiteSeer |  | PubMed |  |
| --- | --- | --- | --- | --- | --- | --- |
|  | AUC | AP | AUC | AP | AUC | AP |
| GASN/X | 0.925 | 0.933 | 0.921 | 0.936 | 0.957 | 0.960 |
| GASN/A | 0.913 | 0.921 | 0.916 | 0.923 | 0.948 | 0.950 |
| GASN | **0.938** | **0.942** | **0.935** | **0.951** | **0.968** | **0.972** |

为了证明基于完全低通滤波器的编码器和基于完全高通图滤波器的解码器的有效性，我们比较了节点聚类和链接预测任务中的以下八种组合。

(1) **OG+OG**：编码器是原始的 GCN [式 (5.2)]，$X$ 的解码器也是原始的 GCN [式 (5.2)]。

(2) **OG+LG**：编码器是原始的 GCN [式 (5.2)]，$X$ 的解码器是完全低通的图滤波器 [式 (5.8)]。

(3) **LG+OG**：编码器是完全低通的图滤波器 [式 (5.8)]，$X$ 的解码器是原始的 GCN [式 (5.2)]。

(4) **LG+LG**：编码器是完全低通的图滤波器 [式 (5.8)]，$X$ 的解码器也是完全低通的图滤波器 [式 (5.8)]。

(5) **OG+GG**：编码器是原始的 GCN [式 (5.2)]，$X$ 的解码器是使用 GALA [式 (5.5)] 中的解码器。

(6) **OG+HG**：编码器是原始的 GCN [式 (5.2)]，$X$ 的解码器是完全高通的图滤波器 [式 (5.15)]。

(7) **LG+GG**：编码器是完全低通的图滤波器 [式 (5.8)]，$X$ 的解码器是使用 GALA [式 (5.5)] 中的解码器。

(8) **LG+HG**：编码器是完全低通的图滤波器 [式 (5.8)]，$X$ 的解码器是完全高通的图滤波器 [式 (5.15)]。

值得注意的是，上述八种组合中的邻接矩阵 $A$ 的解码器是相同的，区别是编码器和节点属性矩阵 $X$ 解码器不同。我们在表 5.6 和表 5.7 中展示了不同类型的编码器和解码器在 Cora、CiteSeer 和 PubMed 数据集上节点聚类和链接预测任务的实验结果。

表 5.6　不同类型的编码器和解码器的组合在节点聚类任务上的实验结果

| 方法 | Cora | | | CiteSeer | | | PubMed | | |
| --- | --- | --- | --- | --- | --- | --- | --- | --- | --- |
| | ACC | NMI | ARI | ACC | NMI | ARI | ACC | NMI | ARI |
| OG+OG | 0.615 | 0.432 | 0.365 | 0.563 | 0.342 | 0.336 | 0.659 | 0.288 | 0.275 |
| OG+LG | 0.594 | 0.425 | 0.358 | 0.548 | 0.299 | 0.272 | 0.654 | 0.291 | 0.279 |
| LG+OG | 0.608 | 0.429 | 0.360 | 0.558 | 0.337 | 0.324 | 0.662 | 0.295 | 0.284 |
| LG+LG | 0.588 | 0.419 | 0.351 | 0.540 | 0.287 | 0.263 | 0.645 | 0.282 | 0.273 |
| OG+GG | 0.647 | 0.448 | 0.375 | 0.585 | 0.356 | 0.352 | 0.681 | 0.307 | 0.304 |
| OG+HG | 0.649 | 0.479 | 0.385 | 0.578 | 0.354 | 0.348 | 0.680 | 0.303 | 0.305 |
| LG+GG | 0.653 | 0.480 | 0.388 | 0.590 | 0.372 | 0.366 | 0.682 | 0.308 | 0.305 |
| LG+HG | **0.669** | **0.484** | **0.392** | **0.603** | **0.386** | **0.371** | **0.692** | **0.313** | **0.310** |

表 5.7　不同类型的编码器和解码器的组合在链接预测任务上的实验结果

| 方法 | Cora | | CiteSeer | | PubMed | |
| --- | --- | --- | --- | --- | --- | --- |
| | AUC | AP | AUC | AP | AUC | AP |
| OG+OG | 0.915 | 0.922 | 0.918 | 0.912 | 0.955 | 0.960 |
| OG+LG | 0.913 | 0.925 | 0.912 | 0.903 | 0.950 | 0.953 |
| LG+OG | 0.915 | 0.925 | 0.914 | 0.909 | 0.956 | 0.959 |
| LG+LG | 0.913 | 0.923 | 0.908 | 0.902 | 0.948 | 0.951 |
| OG+GG | 0.918 | 0.928 | 0.921 | 0.931 | 0.961 | 0.968 |
| OG+HG | 0.918 | 0.930 | 0.919 | 0.928 | 0.958 | 0.961 |
| LG+GG | 0.931 | 0.938 | 0.922 | 0.936 | 0.962 | 0.963 |
| LG+HG | **0.938** | **0.942** | **0.935** | **0.951** | **0.968** | **0.972** |

从这两个表中可以看出，后四个组合的性能优于前四个组合。之所以出现这种结果，是因为后四个组合都是近似或完全低通图滤波器和近似或完全高通图滤波器，这符合图自编码器的设计原理。其中，LG+HG 的性能最好，因为 LG 是一个完全低通滤波器，使每个节点的表示与相邻节点的表示相似。此外，HG 是一个完全高通滤波器，使得每个节点远离表示空间中相邻节点。因此，LG+HG 的组合与嵌入和重构节点属性的任务相一致。LG+LG 的性能最差，原因很明显，因为堆叠多个 LG 会使节点与其相邻节点更相似，这将导致过平滑问题。此外，OG 是一个部分低通滤波器，可以保留部分高频信号。因此，OG+LG、OG+OG 和 LG+OG 获得类似的性能，并且都优于 LG+LG。此外，GG 是部分高通滤波器的解码器。同时，一些应该受到编码器限制的高频信号被 OG 保留，因此，OG+GG、OG+HG 和 LG+GG 组合的性能都比 LG+HG 差。

### 5.4.2.4 参数分析

在本节中,我们将进一步研究 GASN 在节点聚类和链接预测任务的各种指标下使用不同超参数时的性能。对于超参数,我们将式(5.20)中的 $\eta$ 调整为 [0, 0.05, 0.1, ⋯, 1] 的范围。当 $\eta$ 设置为 0 时, GASN 仅重构节点属性矩阵 $\boldsymbol{X}$;当 $\eta$ 设置为 1 时, GASN 仅重构邻接矩阵 $\boldsymbol{A}$。

对于节点聚类任务,如图 5.3(a) ∼ 图 5.3(c) 所示,可以看到最佳 $\eta$ 位于 [0.45, 0.65] 之内。当 $\eta$ 增加时, GASN 的性能变得更好,这反映出它考虑了更多的图结构信息重构,从而提高了潜在嵌入的质量。当 $\eta$ 持续上升时,性能将不会继续增长,很容易看到下降趋势。

对于链接预测任务,图 5.4(a) 和图 5.4(b) 中曲线的趋势非常相似,当 $\eta$ 开始变大时,性能会提高;当 $\eta$ 达到特定值时,性能会降低。此外,可以看出,最优 $\eta$ 位于 [0.6, 0.8] 范围内,这符合我们的直觉,因为链接预测更侧重于图结构信息。

通过以上分析,我们可以确定,更好地利用这两种自监督信息确实可以提高 GASN 的性能。

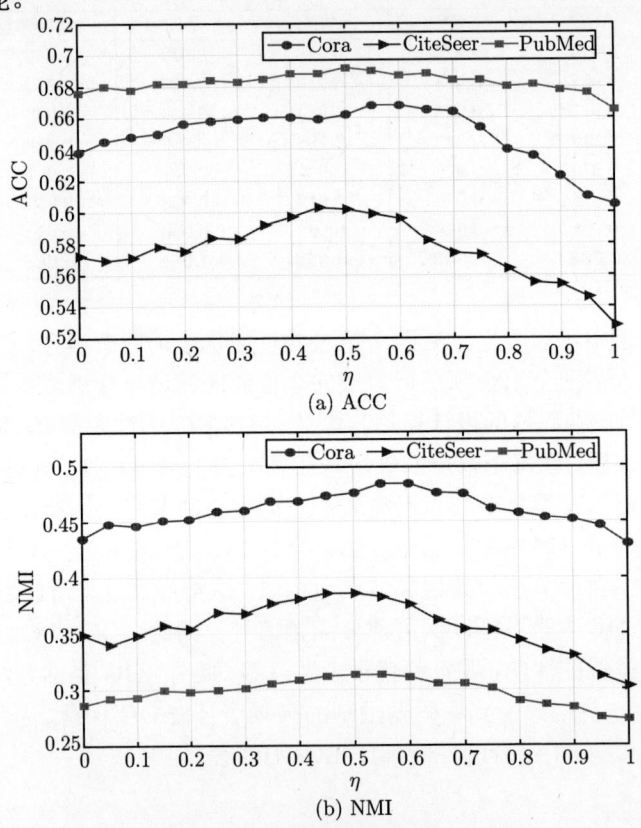

(a) ACC

(b) NMI

图 5.3 节点聚类的参数分析

(c) ARI

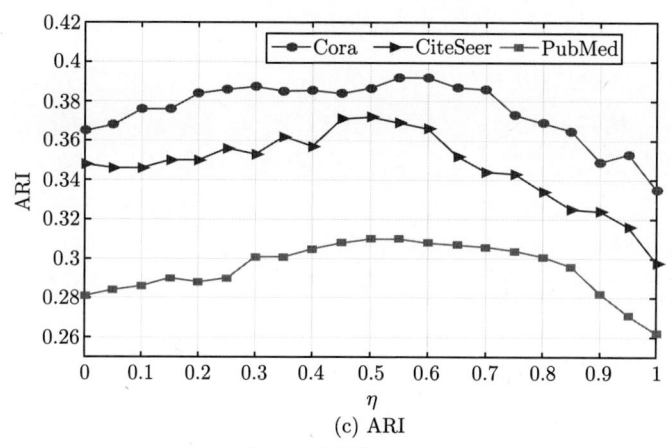

图 5.3 节点聚类的参数分析（续）

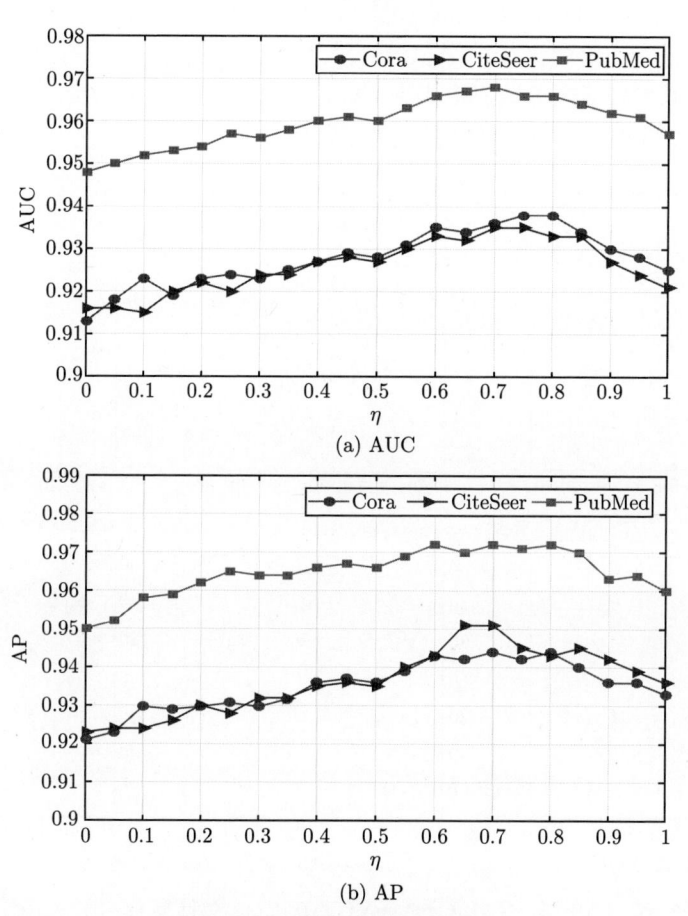

(a) AUC

(b) AP

图 5.4 链接任务的参数分析

### 5.4.2.5 可视化

为了证明 GASN 的优越性，我们在 Cora、CiteSeer 和 PubMed 数据集上使用 t-SNE[200] 方法对 GASN、COEM、ARVGE 和 GALA 学习的节点表示进行可视化。可视化结果如图 5.5 所示。注意，这里我们使用 GALA 来表示仅重构节点属性矩阵 $X$ 的方法，并且我们使用 ARVGE 来表示仅重构邻接矩阵 $A$ 的方法。GASN 和 COEM 是两种同时重构 $X$ 和 $A$ 的方法。

从可视化的角度可以看出，使用 GALA 方法，不容易获得明显的子簇划分。以 PubMed 数据集为例，在图 5.5(k) 中，这三个类的划分曲面并不明显，并且有大量重叠。此外，使用 ARVGE 方法，更容易获得子簇之间的分离，但同一类的多个子簇之间的距离相对较远。如图 5.5(l) 所示，子簇明显，重叠较少，但棕色和蓝色的子簇交替位于右上角。与 GALA 和 ARVGE 相比，GASN 获得了良好的势表示。需要注意的是，GASN 仍然比 COEM 好，如图 5.5(j) 所示，其中棕色和蓝色类有很大的重叠区域，绿色的一个子簇远离绿色的另一个子簇。图 5.5(i) 中的嵌入可以更好地区分这三个类别，棕色类和蓝色类重叠较少。此外，在 Cora 和 CiteSeer 数据集上也有类似的观察结果。

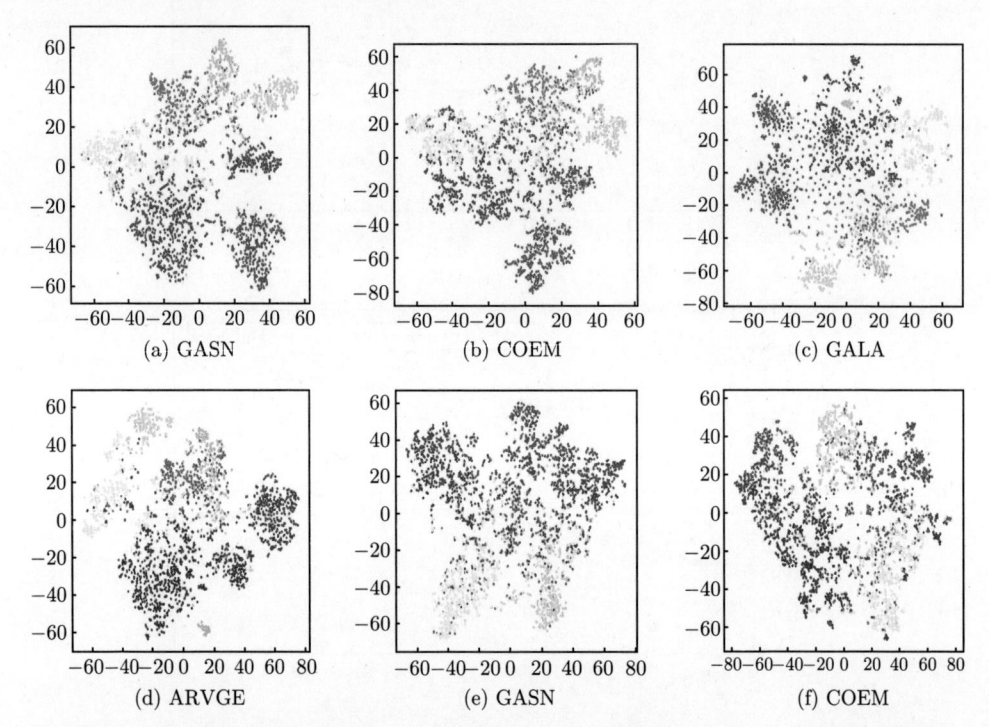

图 5.5 GASN、COEM、GALA 和 ARVGE 在 Cora 数据集 (a~d)、CiteSeer 数据集 (e~h) 和 PubMed 数据集 (i~l) 上可视化结果，不同颜色代表不同的类别

图 5.5　GASN、COEM、GALA 和 ARVGE 在 Cora 数据集 (a~d)、CiteSeer 数据集 (e~h) 和 PubMed 数据集 (i~l) 上可视化结果，不同颜色代表不同的类别（续）

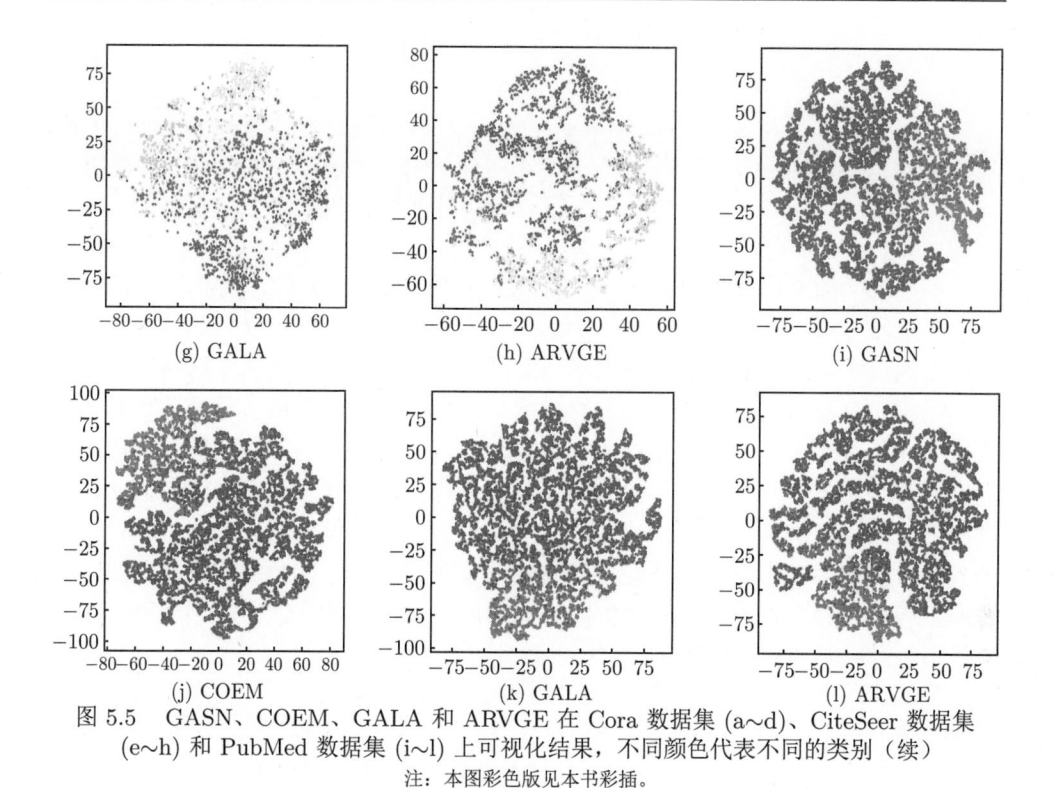

注：本图彩色版见本书彩插。

总之，上述结果表明，与其他基线方法相比，GASN 可以获得有效的潜在表示。

## 5.5　本章小结

本章提出了一种图结构与节点属性联合学习的变分图自编码器模型用于学习图表示。该模型基于变分图自编码器，在解码阶段，对图结构信息和节点属性信息均进行了重构，从而有效地融合和利用了这两种互补的图自监督信息。同时，基于图信号处理设计了新的图编码器和解码器，减少了传统方法带来的噪声问题。实验结果表明，通过增强图结构和节点属性自监督信息，该模型在多个下游任务中均获得了更优的性能。

# 第 6 章 基于注意力机制的图对比学习模型

近年来，图对比学习 (Graph Contrastive Learning，GCL) 作为一种重要的自监督学习方法，在半监督分类中引起了广泛的关注。GCL 可以帮助模型以较小的标注代价学习到有意义的节点表示。然而，现有的图对比学习方法对所有节点都一视同仁，赋予了各个节点相等的权重，这种等权方案忽略了每个节点对模型的重要性。事实上，不同节点的图对比自监督信息对模型的影响不同，一些节点提供的图对比自监督信息对节点分类任务不是有益的，甚至是有害的。为此，本章提出了一种基于注意力机制的图对比学习模型，该模型使用注意力机制自适应地为图对比项中的每个节点分配不同的权重。在几种典型图数据集上的实验结果表明，通过增强节点自监督信息的区分性，所提出的基于注意力机制的图对比学习模型能够获得更优的结果。

## 6.1 引言

在过去的十年里，深度学习在自然语言理解和图学习[163] 等许多领域都取得了成功。然而，大多数深度学习模型通常在假设已知训练样本标签的监督环境下工作，这极大地限制了它们的普遍性，因为收集大量准确标记的样本既耗时又昂贵。

在许多实际任务中，有标记的样本非常稀少，而未标记的样本往往非常丰富。在这种情况下，利用未标记样本和标记样本来提高学习性能的半监督学习[169] 受到了广泛关注。本章主要研究只有少量节点有标记，而大多数节点没有标记的半监督节点分类问题。

针对半监督节点分类，包括最近流行的图神经网络 (GNN)[47] 在内的现有方法，在缺少标记的训练节点时，分类性能迅速下降。缓解这一问题的方法主要有两种：一种方法是使用自训练[78,131] 生成节点的伪标签，从而扩充监督信息。但直接使用伪标签尤其是当标签节点特别稀疏时会引入大量噪声。另一种方法是使用自监督信息 (如图重建、图属性预测或图对比) 学习更好的节点表示[132] 辅助半监督节点分类。在这些方法中，如何生成良好的自监督信息是其成功的关键。

在上述方法中，图对比学习 (GCL) 因其灵活的设置和优越的性能受到越来越多的关注。在节点级 GCL 中，通过各种图增广为每个节点生成多视图表示。同一节点生成的节点表示被视为正例对,而从不同节点生成的节点表示则被视为负例对。图对比学习的主要目标是最大化正例对的一致性,并且最小化负例对的一致性。也有一些图对比学习工作只最大化正例对的一致性。通过这种方式,图对比学习可以生成节点的区分性表示,有利于后续的半监督节点分类。

虽然图对比学习已经取得了很大的成功,但现有方法主要关注如何设计图增广方法及如何选择代理任务。对于图对比自监督信息等更详细的影响方面仍缺乏研究。事实上,一些节点提供的图自监督信息对节点分类任务是有益的,而另一些节点提供的图自监督信息对节点分类任务不是有益的,甚至是有害的。如图 6.1 所示,图中假设所有节点的真实标签都是已知的,并且为了简洁而删除了节点的特征。图 6.1 (c) 和图 6.1 (d) 表示的是节点的嵌入空间,为了区分节点来自哪个图增广视图,在图中保留了节点之间的边,此外省略了负例对,只使用最简

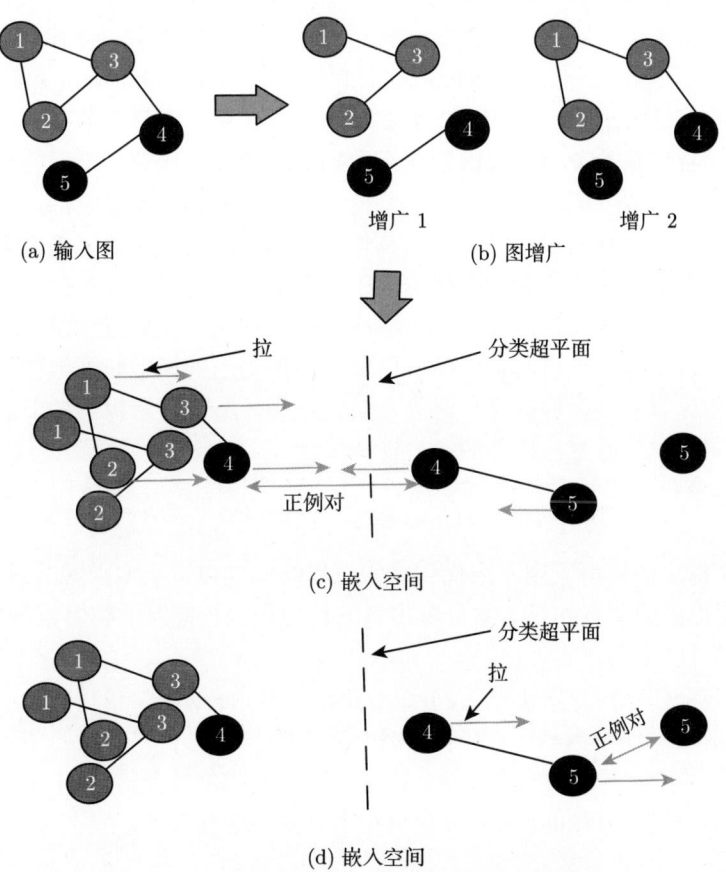

图 6.1　不同节点提供的对比自监督信息的示意图

单的正例对说明不同节点的重要性。在图 6.1 (c) 所示的嵌入空间中，如果增加 4 号节点的权重，可能会使两个增广图的 4 号节点误分类，同时使连接到 4 号节点的 1 号、2 号、3 号和 5 号节点被拉到分类超平面附近，增加了分类的不确定性。因此，4 号节点的图对比自监督信息对节点分类任务是有害的，应降低其权重。在图 6.1 (d) 所示的嵌入空间中，如果增加 5 号节点的权重，将使连接到 5 号节点的 4 号节点远离分类超平面，4 号节点有可能被正确分类。因此，5 号节点是有利于分类的节点，其权重应该增加。

但现有的图对比学习方法还没有考虑到这些细粒度方面，仍为所有节点分配相同的权重。因此，评估每个节点的对比自监督信号对模型的影响，考虑每个节点的权重对于获得良好的性能至关重要。在图对比学习中，为每个节点分配不同的权重是一个具有挑战性的研究课题，原因在于节点的权重通常与不同的图对比学习方法、训练数据及在训练过程动态迭代中的隐藏信息有关。不幸的是，这一问题尚未在实践中得到有效解决。

为了解决上述问题，本章基于元学习[201,202]框架提出了一种基于注意力机制的图对比学习 (Graph Contrastive Learning based on Attention，GCLA) 模型。该模型能够自适应地学习显式加权函数，为图对比项中的每个节点分配不同的权重。我们的直觉是，节点加权函数从元数据中获取知识以调整节点的权重，从而使模型参数更新的方向尽可能有利于降低元数据损失。也就是说，节点的最佳权重系数应该将元数据的损失最小化。具体来说，通过最小化训练损失来迭代获取模型参数，并通过最小化元数据损失来优化节点的权重参数。从技术上讲，上述过程可以通过联合迭代学习双层优化解决。最后，本章进行了大量的实验，实验结果证实了通过增强节点自监督信息的区分性，所提出的模型与不做节点加权的图对比模型相比有了显著的提升。此外，实验结果还验证了所提出的节点加权方案作为各种图对比学习方法插件的有效性和灵活性。本章的主要贡献可以总结如下：

(1) 本章提出了一种新的基于注意力机制的图对比学习方法用于半监督节点分类。

(2) 所提出的模型采用双层优化算法可以有效地自适应地求解节点的权值。

(3) 所提出的节点加权方案可以很容易地用作各种图对比学习方法的插件，以提升它们的性能。

本章其余部分内容安排如下。6.2 节介绍一些预备知识，包括本章所用到的符号和基本的图对比学习等。6.3 节介绍所提出的基于注意力机制的图对比学习方法，并详细讨论该方法的构成模块、复杂度分析及收敛性分析。6.4 节进行一系列实验以评估所提出方法的性能。6.5 节对本章内容进行总结。

## 6.2 预备知识

本部分介绍了本章中使用的符号,并介绍了图对比学习的一些预备知识。

### 6.2.1 符号及其含义

考虑一般的无向图 $\mathcal{G} = (V, E, \boldsymbol{X})$,其中,$V = \{v_1, v_2, \cdots, v_N\}$ 表示节点的集合,$N$ 表示节点数目;$E$ 表示边的集合,$e_{i,j} = <v_i, v_j> \in E$ 表示 $v_i$ 和 $v_j$ 节点间的边。图 $\mathcal{G}$ 结构用邻接矩阵 $\boldsymbol{A} = \{a_{i,j}\} \in \mathbb{R}^{N \times N}$ 表示,其中 $a_{i,j}$ 表示矩阵 $\boldsymbol{A}$ 在第 $i$ 行和 $j$ 列处的元素。此外,如果 $e_{i,j} \in E$,则 $a_{i,j} = 1$;否则,$a_{i,j} = 0$。本节将与图关联的节点属性矩阵表示为 $\boldsymbol{X} = \{\boldsymbol{x}_1, \boldsymbol{x}_2, \cdots, \boldsymbol{x}_N\} \in \mathbb{R}^{N \times F}$,其中 $F$ 是特征的维数,$\boldsymbol{x}_i \in \mathbb{R}^F$ 对应矩阵 $\boldsymbol{X}$ 的第 $i$ 行。对于半监督节点分类,有标记集合用 $\mathcal{D} = \{(\boldsymbol{x}_i, y_i)\}_{i=1}^{L}$ 表示,验证集合用 $\mathcal{V} = \{(\boldsymbol{x}_i, y_i)\}_{i=L+1}^{L+M}$ 表示,未标记集合用 $\mathcal{U} = \{\boldsymbol{x}_i\}_{i=M+L+1}^{N}$ 表示,$y_i \in \{1, 2, \cdots, C\}$ 表示第 $i$ 个标记样本的标记,$C$ 是类别的数目。

为了方便,本节使用矩阵 $\boldsymbol{O} \in \{0,1\}^{N \times C}$ 来描述节点的类别标签,其元素可表示为

$$o_{i,k} = \begin{cases} 1, & i = 1, 2, \cdots, L, \quad y_i = k \\ 0, & \text{其他} \end{cases}$$

并且使用 $\boldsymbol{Z} = \{z_{j,c}\} \in \mathbb{R}^{N \times C}$ 来表示预测矩阵,其中 $z_{j,c}$ 表示第 $j$ 个节点属于第 $c$ 个类的程度。进一步地,用 $\boldsymbol{o}_i$ 和 $\boldsymbol{z}_i$ 来分别表示矩阵 $\boldsymbol{O}$ 和 $\boldsymbol{Z}$ 的第 $i$ 行。

### 6.2.2 图对比学习

本节首先概述了用于半监督节点分类的图对比学习,然后分析了现有图对比学习框架的缺点。

用于半监督节点分类的图对比学习通常形式化为

$$\min_{\theta} \frac{1}{L} \sum_{i=1}^{L} \ell\left(f\left(\boldsymbol{x}_i; \theta\right), \boldsymbol{o}_i\right) + \lambda \frac{1}{N} \sum_{i=1}^{N} \ell_{\text{gcl}}\left(\boldsymbol{x}_i; \theta\right) \tag{6.1}$$

式中,$\theta$ 表示模型的参数,$\lambda > 0$ 是图对比学习项的权重,$\ell$ 表示监督损失,如交叉熵损失,$\ell_{\text{gcl}}$ 表示对比学习损失,其一般形式为

$$\ell_{\text{gcl}}\left(\boldsymbol{x}_i\right) = \frac{1}{S} \sum_{k=1}^{S} -\lg\left[\frac{\sum_{\boldsymbol{p} \in \mathcal{D}_{i,k}^{+}} h\left(\boldsymbol{z}_i^k, \boldsymbol{p}\right)}{\sum_{\boldsymbol{p} \in \mathcal{D}_{i,k}^{+}} h\left(\boldsymbol{z}_i^k, \boldsymbol{p}\right) + \sum_{\boldsymbol{q} \in \mathcal{D}_{i,k}^{-}} h\left(\boldsymbol{z}_i^k, \boldsymbol{q}\right)}\right]$$

式中，$z_i^k$ 为 $x_i$ 经过第 $k$ 个 $(1 \leqslant k \leqslant S)$ 图增广和图嵌入操作后的表示，$\mathcal{D}_{i,k}^+$ 和 $\mathcal{D}_{i,k}^-$ 分别表示 $z_i^k$ 在嵌入空间中的正例对和负例对的集合，$h(\boldsymbol{a},\boldsymbol{b}) = \exp(s(\boldsymbol{a},\boldsymbol{b})/\tau)$，$s(\boldsymbol{a},\boldsymbol{b})$ 是一个余弦相似度函数，$\tau$ 是温度参数。

一般的图对比学习模型如式 (6.1) 所示，其缺点是通过单个参数 $\lambda$ 为所有节点赋予相同的权重，也就是说，所有节点都被同等对待。6.3 节提出了基于注意力机制的图对比学习模型，该模型可以在图对比学习中自适应地学习每个节点的权重，这允许以更细粒度的方式调整各个节点对图对比学习的贡献。

## 6.3 基于注意力机制的图对比学习模型介绍

本节将介绍用于半监督节点分类的基于注意力机制的图对比学习模型。如图 6.2 所示，基于注意力机制的图对比学习模型使用图增广和节点嵌入方法来获得不同视图下的节点表示。这些节点表示进一步用于自适应地学习模型的参数和节点的权重。因此，基于注意力机制的图对比学习模型包括四个模块：① 图增广模块生成不同的节点增广。② 节点嵌入模块生成节点的嵌入表示。③ 半监督图对比学习模块。④ 优化处理模块。

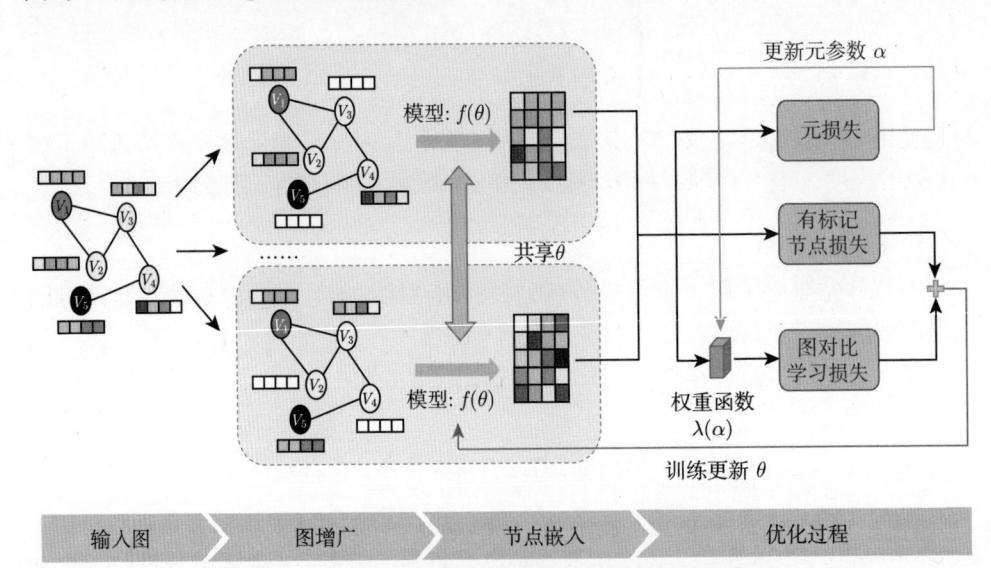

图 6.2 基于注意力机制的图对比学习模型总体框架

### 6.3.1 图增广模块

图像领域的研究表明，数据增广对对比学习的表现有显著影响[203]。同样，在图数据中，图数据增广也会影响图任务的性能。本章采用了最常见且易于实现的基于特征的图增广方法[56,106]。在实验部分还研究了所提出的节点加权方案对其他图增广方法的影响。

顾名思义，基于特征的图增广方法在节点属性矩阵 $\boldsymbol{X}$ 上运行。假设对 $\boldsymbol{X}$ 执行 $S$ 次独立增广，在 $k$ 个 $(1 \leqslant k \leqslant S)$ 图增广之后获得的特征矩阵 $\hat{\boldsymbol{X}}^k$ 是

$$\hat{\boldsymbol{X}}^k = \boldsymbol{M}^k \odot \boldsymbol{X} \tag{6.2}$$

式中，$\boldsymbol{M}^k = \{\epsilon_i^k\} \in [0,1]^{N \times 1}$ 表示具有屏蔽值的向量，且 $\epsilon_i^k \sim \text{Bernoulli}(1-\delta)$。在执行图增广 $S$ 次后，该模块获得 $S$ 个增广特征矩阵 $\left\{\hat{\boldsymbol{X}}^k\right\}_{k=1}^S$。

### 6.3.2 节点嵌入模块

本节将介绍节点嵌入模块，该模块将每个增广的特征矩阵输入编码器 $f(\theta)$ 中，以生成节点的新表示形式：

$$\boldsymbol{Z}^k = f(\theta, \tilde{\boldsymbol{A}} \hat{\boldsymbol{X}}^k) \tag{6.3}$$

式中，$\boldsymbol{Z}^k \in \mathbb{R}^{N \times C}$ 表示第 $k$ 个图增广后的表示，$f(\theta)$ 表示一个两层的 MLP 分类器，$\tilde{\boldsymbol{A}} = \sum_{k=1}^{h} \frac{1}{h} \hat{\boldsymbol{A}}^k$ 是矩阵 $\hat{\boldsymbol{A}}$ 的阶数从 1 到 $h$ 的平均，且 $\hat{\boldsymbol{A}} = \boldsymbol{A} + \boldsymbol{I}$。这里使用的混合高阶方法可以包含更多图结构信息[174,190]。

现在，获得了节点的 $S$ 个不同的嵌入表示 $\left\{\boldsymbol{Z}^k\right\}_{k=1}^S$。

### 6.3.3 半监督图对比学习模块

在半监督节点分类中，有少量标记节点和大量未标记节点。如果这两种信息都能在图对比学习中得到充分利用，那么节点表示就可以得到更好的指导。因此，本模块设计了一种新的半监督图对比学习方法，该方法分别为标记节点和未标记节点设计对比损失。

半监督图对比学习损失可以形式化表示为

$$\ell_{\text{gcl}}(\boldsymbol{x}_i; \theta) = \frac{1}{S} \sum_{k=1}^{S} \ell_i^k \tag{6.4}$$

对于未标记的节点，同一节点在不同视图下的表示互为正例对，而不同节点的表示互为负例对，即

$$\ell_i^k = -\lg \frac{\sum_{p=1}^{S} h(\boldsymbol{z}_i^k, \boldsymbol{z}_i^p) - h(\boldsymbol{z}_i^k, \boldsymbol{z}_i^k)}{\sum_{p=1}^{S} h(\boldsymbol{z}_i^k, \boldsymbol{z}_i^p) - h(\boldsymbol{z}_i^k, \boldsymbol{z}_i^k) + \text{neg}} \tag{6.5}$$

式中，$\text{neg} = \sum_{i=1}^{N}\sum_{j=1}^{N}\sum_{p=1}^{S} h\left(z_i^k, z_{j(j\neq i)}^p\right)$。

对于标记节点，我们认为节点的正例对集合由该节点在其他视图下的表示和与该节点相同的标签的表示组成。其他节点表示构成该节点的负例对集合，即

$$\ell_i^k = -\lg \frac{\sum_{j=1}^{L}\sum_{p=1}^{S} \mathbb{I}_{[o_i = o_j]} h\left(z_i^k, z_j^p\right) - h\left(z_i^k, z_i^k\right)}{\sum_{j=1}^{L}\sum_{p=1}^{S} \mathbb{I}_{[o_i = o_j]} h\left(z_i^k, z_j^p\right) - h\left(z_i^k, z_i^k\right) + \text{neg}} \tag{6.6}$$

式中，$\text{neg} = \sum_{j=1}^{L}\sum_{p=1}^{S} \mathbb{I}_{[o_i \neq o_j]} h\left(z_i^k, z_j^p\right) + \sum_{j=L+1}^{N}\sum_{p=1}^{S} h\left(z_i^k, z_j^p\right)$；$\mathbb{I}_{[-]}$ 是一个指示符函数，如果括号内的参数成立，则等于 1，否则等于 0。

为了更好地说明标记节点和未标记节点之间的图对比损失，在图 6.3 中展示了这两类节点的图对比损失。其中，$\boldsymbol{Z}^1$ 和 $\boldsymbol{Z}^2$ 分别代表节点表示的两个视图。对于标记节点，如节点 $z_4^1$，这个节点的正例对集合由不同视图下的这个节点的表示 ($z_4^2$) 和与这个节点相同的标签的表示 ($z_5^1, z_5^2$) 构成，其他节点表示 ($z_1^1, z_2^1, z_3^1$, $z_1^2, z_2^2, z_3^2$) 构成了该节点的负例对集合。对于未标记的节点，如节点 $z_3^1$，同一节点在不同视图下的表示 ($z_3^2$) 是该节点的正例对，而不同节点的表示 ($z_1^1, z_2^1, z_4^1$, $z_5^1, z_1^2, z_2^2, z_4^2, z_5^2$) 形成了负例对集合。

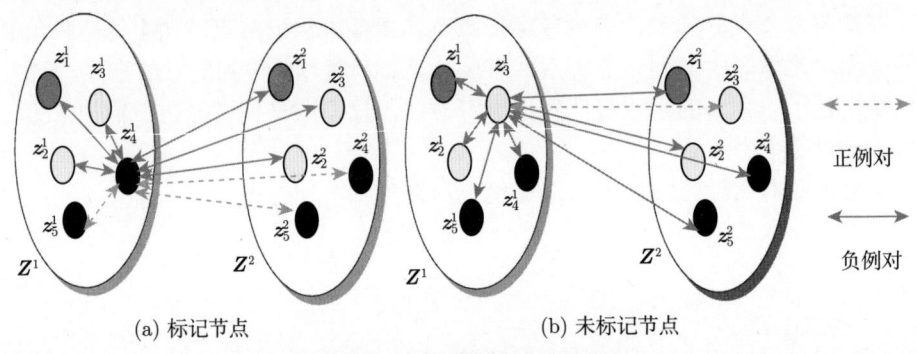

(a) 标记节点　　　　　　　(b) 未标记节点

正例对

负例对

图 6.3　半监督图对比学习图示

注：本书彩色版见本书彩插。

本节将正式介绍所提出的基于注意力机制的图对比学习模型的损失。首先，使用加权函数 $\lambda(\boldsymbol{x}_i; \alpha)$ 来获得不同节点的权重，这是一个带有一个隐藏层的 MLP，$\lambda(\boldsymbol{x}_i; \alpha)$ 的输出后接 Sigmoid 函数，以保证输出位于 [0, 1] 之间。给定加权函数，

可以通过最小化以下训练损失来计算最佳参数 $\theta$：

$$\begin{aligned}\theta^*(\alpha) &= \mathop{\mathrm{argmin}}_{\theta} \mathcal{L}^{\mathrm{train}}(\theta, \alpha) \\ &= \mathop{\mathrm{argmin}}_{\theta} \frac{1}{L}\sum_{i=1}^{L}\ell\left(f\left(\boldsymbol{x}_i;\theta\right),\boldsymbol{o}_i\right) + \frac{1}{N}\sum_{i=1}^{N}\lambda\left(\boldsymbol{x}_i;\alpha\right)\ell_{\mathrm{gcl}}\left(\boldsymbol{x}_i;\theta\right)\end{aligned} \tag{6.7}$$

式中，$\ell(f(\boldsymbol{x}_i;\theta),\boldsymbol{o}_i)$ 是节点分类任务的监督损失，其定义为 $S$ 个图增广的平均交叉熵损失，即

$$\ell(f(\boldsymbol{x}_i;\theta),\boldsymbol{o}_i) = -\frac{1}{S}\sum_{k=1}^{S}\left(\boldsymbol{o}_i^k \ln \boldsymbol{z}_i^k\right)$$

然后，介绍如何以元学习方式自动学习式 (6.7) 中的参数 $\alpha$。在这里，使用标记集作为元数据来学习节点的参数。最佳参数 $\alpha$ 可以通过最小化以下元损失来计算：

$$\begin{aligned}\alpha^* &= \mathop{\mathrm{argmin}}_{\alpha}\mathcal{L}^{\mathrm{meta}}(\theta^*(\alpha)) \\ &= \mathop{\mathrm{argmin}}_{\alpha}\frac{1}{L}\sum_{i=1}^{L}\ell\left(f\left(\boldsymbol{x}_i;\theta^*(\alpha)\right),\boldsymbol{o}_i\right)\end{aligned} \tag{6.8}$$

### 6.3.4 优化处理模块

显然，计算最优 $\theta^*(\alpha)$ 和 $\alpha^*$ 是一个双层优化问题，其中一个优化问题嵌套在另一个优化问题中。在这里，使用文献 [204] 中提出的基于在线近似的优化方法，其迭代交替更新模型参数 $\theta$ 和参数 $\alpha$。

**更新 $\theta$**。当优化参数 $\theta$ 时，固定参数 $\alpha_t$，然后更新参数 $\theta_{t+1}$ 来减少训练损失，即

$$\theta_{t+1} = \theta_t - \eta_\theta \cdot \nabla_\theta \mathcal{L}^{\mathrm{train}}(\theta, \alpha_t)|_{\theta_t} \tag{6.9}$$

其中，$\eta_\theta$ 是步长大小，$\eta_\theta > 0$。

**更新 $\alpha$**。更新参数 $\theta_{t+1}$ 后，$\alpha$ 根据元损失的梯度进行调整：

$$\alpha_{t+1} = \alpha_t - \eta_\alpha \cdot \nabla_\alpha \mathcal{L}^{\mathrm{meta}}(\theta_{t+1}(\alpha))|_{\alpha_t} \tag{6.10}$$

其中，$\eta_\alpha$ 是步长大小，$\eta_\alpha > 0$ 且 $\theta_{t+1}(\alpha)$ 的更新公式如下：

$$\theta_{t+1}(\alpha) = \theta_t - \eta_\theta \cdot \nabla_\theta \mathcal{L}^{\mathrm{train}}(\theta_t, \alpha)$$

实际上，可以利用自动微分工具，如 PyTorch 来计算所有梯度。

进一步地，式(6.10)的反向传播计算的推导如下：

$$\nabla_\alpha \mathcal{L}^{\text{meta}}(\theta_{t+1}(\alpha))|_{\alpha_t}$$

$$= \frac{1}{L}\sum_{j=1}^{L}\frac{\partial \ell(f(\boldsymbol{x}_j;\theta_{t+1}(\alpha)),\boldsymbol{o}_i)}{\partial \alpha}\bigg|_{\alpha_t}$$

$$= \frac{1}{L}\sum_{j=L}^{L}\frac{\partial \ell(f(\boldsymbol{x}_j;\theta_{t+1}(\alpha)),\boldsymbol{o}_i)}{\partial \theta_{t+1}(\alpha)}\bigg|_{\theta_{t+1}} \frac{1}{N}\sum_{i=1}^{N}\frac{\partial \theta_{t+1}(\alpha)}{\partial \lambda(\boldsymbol{x}_i;\alpha)}\frac{\partial \lambda(\boldsymbol{x}_i;\alpha)}{\partial \alpha}\bigg|_{\alpha_t}$$

$$= -\frac{\eta_\theta}{L \cdot N}\sum_{j=1}^{L}\frac{\partial \ell(f(\boldsymbol{x}_j;\theta_{t+1}(\alpha)),\boldsymbol{o}_i)}{\partial \theta_{t+1}(\alpha)}\bigg|_{\theta_{t+1}} \sum_{i=1}^{N}\frac{\partial \ell_{\text{gcl}}(\boldsymbol{x}_i;\theta)}{\partial \theta}\bigg|_{\theta_t} \frac{\partial \lambda(\boldsymbol{x}_i;\alpha)}{\partial \alpha}\bigg|_{\alpha_t}$$

$$= -\frac{\eta_\theta}{N}\sum_{i=1}^{N}\left(\frac{1}{L}\sum_{j=1}^{L}\frac{\partial \ell(f(\boldsymbol{x}_j;\theta_{t+1}(\alpha)),\boldsymbol{o}_i)}{\partial \theta_{t+1}(\alpha)}\bigg|_{\theta_{t+1}}^{\text{T}} \frac{\partial \ell_{\text{gcl}}(\boldsymbol{x}_i;\theta)}{\partial \theta}\bigg|_{\theta_t}\right)\frac{\partial \lambda(\boldsymbol{x}_i;\alpha)}{\partial \alpha}\bigg|_{\alpha_t}$$

(6.11)

令 $H_{ij} = \frac{\partial \ell(f(\boldsymbol{x}_j;\theta_{t+1}(\alpha)),\boldsymbol{o}_i)}{\partial \theta_{t+1}(\alpha)}\bigg|_{\theta_{t+1}}^{\text{T}} \frac{\partial \ell_{\text{gcl}}(\boldsymbol{x}_i;\theta)}{\partial \theta}\bigg|_{\theta_t}$，则

$$\alpha_{t+1} = \alpha_t + \frac{\eta_\alpha \eta_\theta}{N}\sum_{i=1}^{N}\left(\frac{1}{L}\sum_{j=i}^{L}H_{i,j}\right)\nabla_\alpha \lambda(\boldsymbol{x}_i;\alpha)|_{\alpha_t}$$

其中，系数 $\frac{1}{L}\sum_{j=1}^{L}H_{i,j}$ 施加在第 $i$ 个节点梯度项上，表示根据图对比学习损失计算的第 $i$ 个训练节点的梯度与根据元损失计算的节点平均梯度之间的相似性。这意味着，如果图对比学习训练集中某个节点的梯度与元数据中的梯度相似，则有利于获得正确的结果，并且该节点的权重更有可能增加。否则，节点的权重往往会降低。

最后，预测函数为

$$\tilde{y}_j = \underset{c \in \{1,2,\cdots,C\}}{\arg\max} \, z_{j,c} \tag{6.12}$$

式中，$\tilde{y}_j$ 是第 $j$ 个未标记节点的最终预测结果，$z_{j,c}$ 是所有训练步骤后预测矩阵 $\boldsymbol{Z} = \frac{1}{S}\sum_{k=1}^{S}\boldsymbol{Z}^k$ 的第 $j$ 行和第 $c$ 列的元素。总的来说，基于注意力机制的图对比学习模型如算法 6.1 所示。

### 6.3.5 复杂度分析

所提出模型（GCLA）的优化流程如图 6.4 所示，考虑在循环中交替地更新 $\theta$ 和 $\alpha$。因此，提出的模型需要 $f(\theta)$ 进行额外前向和后向传播，以及加权函数 $\lambda(\alpha)$

的额外前向和后向传播，以计算参数 $\alpha$。因此，与原始的图对比学习相比，提出的加权图对比学习完成训练所需的时间大约是原始的图对比学习的 3 倍。

**算法 6.1** 基于注意力机制的图对比学习模型

1: **输入：** 节点属性矩阵 $X$，邻接矩阵 $A$，标签矩阵 $O$，最大迭代次数 max_iter；
2: **输出：** 通过式 (6.12) 得到未标记节点的最终预测结果；
3: 初始化模型参数 $\theta_0$ 和节点权重参数 $\alpha_0$；
4: 通过式 (6.2) 执行图增广以获得特征矩阵 $\left\{\hat{X}^k\right\}_{k=1}^{S}$；
5: **for** iter = 1 **to** max_iter **do**
6:     通过式(6.3)生成节点的新表示形式 $\left\{Z^k\right\}_{k=1}^{S}$；
7:     通过式(6.9)更新模型参数 $\theta_{t+1}$；
8:     通过式(6.10)更新节点权重参数 $\alpha_{t+1}$；
9: **end for**

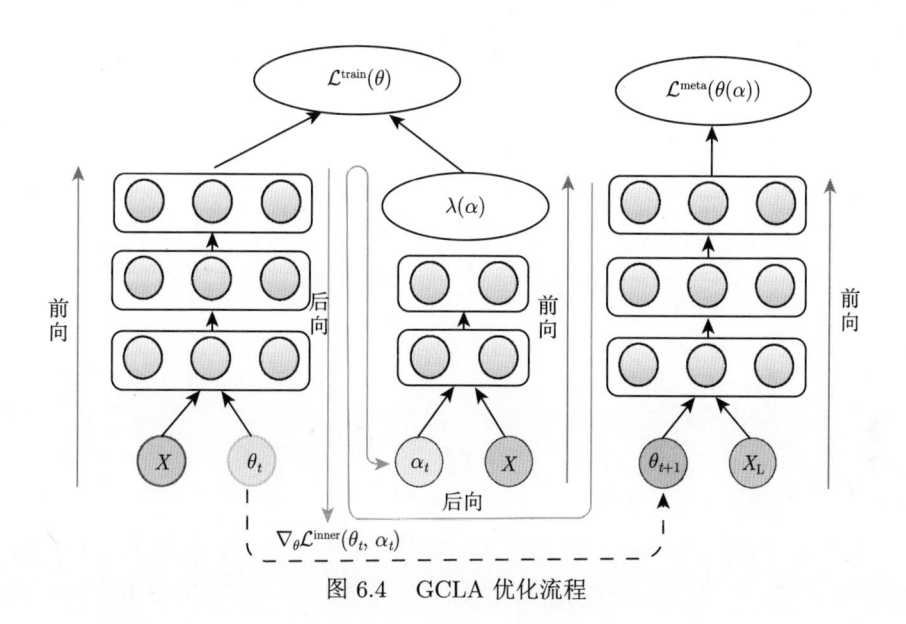

图 6.4 GCLA 优化流程

### 6.3.6 收敛性分析

本节证明所提加权图对比学习的收敛性。首先，介绍了两个有用性质。

**定义 6.1** 函数 $f(x): \mathbb{R}^d \to \mathbb{R}$ 称为以 $L$ 为常数的 Lipschitz 光滑函数，如果其满足

$$\|\nabla f(x) - \nabla f(y)\| \leqslant L\|x - y\|, \forall x, y \in \mathbb{R}^d \tag{6.13}$$

**定义 6.2** 函数 $f(x)$ 的梯度具有 $\rho$ 有界性，如果其满足 $\|\nabla f(x)\| \leqslant \rho$，$\forall x \in \mathbb{R}^d$。

则可以得到如下定理:

**定理 6.1** 假设元损失函数是常数为 $L$ 的 Lipschitz 光滑函数,元损失函数和训练损失函数的梯度都具有 $\rho$ 有界性。学习率 $\eta_\theta$ 满足 $\eta_\theta \leqslant \frac{2}{L}$,则元损失总是单调减少,即

$$\mathcal{L}^{\mathrm{meta}}(\theta_{t+1}) \leqslant \mathcal{L}^{\mathrm{meta}}(\theta_t) \tag{6.14}$$

此外,式 (6.14) 的等号仅在元损失的梯度在某一步变为 0 时成立,即

$$\nabla_\alpha \mathcal{L}^{\mathrm{meta}}(\theta_{t+1}) = 0$$

接下来我们证明所提方法的收敛性。

**证明** 由于元损失 $\mathcal{L}^{\mathrm{meta}}$ 是 Lipschitz 光滑的,可以得到如下不等式:

$$\mathcal{L}^{\mathrm{meta}}(\theta_{t+1}) \leqslant \mathcal{L}^{\mathrm{meta}}(\theta_t) + \langle \nabla_\theta \mathcal{L}^{\mathrm{meta}}(\theta_t) \, \Delta\theta \rangle + \frac{L}{2}\|\Delta\theta\|_2^2 \tag{6.15}$$

进一步可以得到以下更新规则:

$$\begin{aligned}
&\mathcal{L}^{\mathrm{meta}}(\theta_{t+1}) - \mathcal{L}^{\mathrm{meta}}(\theta_t) \\
&= \mathcal{L}^{\mathrm{meta}}(\theta_t - \eta_\theta \nabla_\theta \mathcal{L}^{\mathrm{train}}(\theta_t, \alpha_t)) - \mathcal{L}^{\mathrm{meta}}(\theta_t) \\
&\leqslant \langle \nabla_\theta \mathcal{L}^{\mathrm{meta}}(\theta_t), -\eta_\theta \nabla_\theta \mathcal{L}^{\mathrm{train}}(\theta_t, \alpha_t) \rangle + \frac{L}{2}\| -\eta_\theta \nabla_\theta \mathcal{L}^{\mathrm{train}}(\theta_t, \alpha_t) \|_2^2 \\
&\leqslant -\eta_\theta \rho^2 + \frac{L}{2}\eta_\theta^2 \rho^2 \\
&= \left(\frac{L\eta_\theta}{2} - 1\right)\eta_\theta \rho^2 \\
&\leqslant 0
\end{aligned} \tag{6.16}$$

在式 (6.16) 中,第一个不等式成立是因为元损失函数是常数为 $L$ 的 Lipschitz 光滑函数,第二个不等式成立是因为训练和元函数的梯度都具有 $\rho$ 有界性。第三个不等式成立是由于 $\eta_\theta \leqslant \frac{2}{L}$。由此,证明了 $\mathcal{L}^{\mathrm{meta}}(\theta_{t+1}) \leqslant \mathcal{L}^{\mathrm{meta}}(\theta_t)$。

进一步地,将 $\nabla_\alpha \mathcal{L}^{\mathrm{meta}}(\theta_{t+1}) = 0$ 插入更新规则 (6.10) 中,可以得到 $\alpha_{t+1} = \alpha_t$。因此,很明显,优化将收敛并且 $\mathcal{L}^{\mathrm{meta}}(\theta_{t+1}) = \mathcal{L}^{\mathrm{meta}}(\theta_t)$。

## 6.4 实验分析

本节首先将所提出的基于注意力机制的图对比学习模型与最新的半监督节点分类方法进行比较。然后,进行了消融实验,以验证基于注意力机制的图对比学

习模型中不同模块的有效性。随后,研究了该方法在不同标签率上的性能。最后,将提出的节点加权模块作为插件应用到不同的图对比学习方法中,以验证其通用性和灵活性。

### 6.4.1 实验设置

#### 6.4.1.1 数据集

本节采用了三个广泛使用的引文网络数据集 (Cora、CiteSeer 和 PubMed) 来验证提出的加权图对比学习模型的有效性。在三个基准数据集上使用与经典的 GNN 文献 [47,51,205] 完全相同的实验装置进行半监督节点分类,即每类 20 个标签节点用于训练,500 个节点用于验证,1000 个节点用于测试。数据集如表 6.1 所示。

表 6.1  引文网络数据集

| 数据集 | Cora | CiteSeer | PubMed |
| --- | --- | --- | --- |
| 节点数 | 2708 | 3327 | 19717 |
| 边数 | 5429 | 4732 | 44338 |
| 特征数 | 1433 | 3703 | 500 |
| 类别数 | 7 | 6 | 3 |
| 训练节点数量 | 140 | 120 | 60 |
| 验证集节点数量 | 500 | 500 | 500 |
| 测试集节点数量 | 1000 | 1000 | 1000 |

#### 6.4.1.2 参数设置和算法实现

提出的图对比学习模型将最大迭代次数 max_iter 设置为 2000。在每个训练阶段使用全批次训练模型。模型在 PyTorch 上运行,并使用 Adam[176] 算法对其进行优化。从 $\{0.4, 0.5, 0.6, 0.7\}$ 搜索伯努利 $(1-\delta)$ 中的 $\delta$,并从 $\{2, 3, 4, 5, 6\}$ 中搜索 $h$,从 $\{2, 3, 4, 5\}$ 遍历图增广 $S$ 的数量。

#### 6.4.1.3 比较的算法

为了测试所提出的 WGCL 的性能,将其与以下方法进行比较。

(1) **LP** [173]:标签传播,传统的基于图的半监督学习。

(2) **GCN** [47]:经典图卷积神经网络。

(3) **GAT** [51]:GAT 使用注意机制为不同的节点分配不同的权重。

(4) **SGC** [206]:SGC 消除了 GCN 中的非线性激活函数。

(5) **DGI** [56]:DGI 通过对比节点和图编码学习节点表示。

(6) **GMI** [207]:GMI 测量输入图和高层隐藏表示之间的相关性。

(7) **GCA** [109]:图增广方法结合了图的拓扑和语义的各种先验知识。

(8) **CG**$^3$ [205]:CG$^3$ 使用对比和生成的图卷积神经网络进行半监督节点分类。

## 6.4.2 实验结果

### 6.4.2.1 基线方法的比较结果

实验结果如表 6.2 所示。由此可以看出：① 使用图神经网络的半监督节点分类优于传统的 LP 方法，因为图神经网络以融合的方式使用节点特征和拓扑，而 LP 方法仅使用拓扑信息。② 在大多数情况下，使用自监督学习或图对比学习 (DGI、GMI、GCA、CG$^3$ 和 GCLA) 的方法比不使用这些方法 (GCN、GAT、SGC) 的方法要好，这表明了自监督学习方法的有效性。③ 所提出的加权图对比学习方法在三个图数据集上的性能均优于其他方法，表明所提出的方法可以为半监督节点分类提供更好的辅助信息，对节点表示提供了更好的指导，从而提高了半监督节点分类的性能。

表 6.2　加权图对比学习方法与基线方法在半监督节点分类任务上的准确率　单位：%

| 方法 | Cora | CiteSeer | PubMed |
| --- | --- | --- | --- |
| LP | 68.0 | 45.3 | 63.0 |
| GCN | 81.5 | 70.3 | 79.0 |
| GAT | 83.0 | 72.5 | 79.0 |
| SGC | 81.0 | 71.9 | 78.9 |
| DGI | 81.7 | 71.5 | 77.3 |
| GMI | 82.7 | 73.0 | 80.1 |
| GCA | 82.8 | 72.9 | 80.3 |
| CG$^3$ | 83.4 | 73.6 | 80.2 |
| GCLA | **84.3** | **74.2** | **81.0** |

### 6.4.2.2 消融实验

本节将研究加权图对比学习的几个重要组成部分的有效性。

(1) w/o GCLA 表示只使用有标记损失加权图对比学习。

(2) w/o w in GCLA 表示所有节点在共享相同的权重的加权图对比学习。

将这两种变体与所提出的模型进行比较。本节记录了三种方法在各自设置下的最佳结果，如表 6.3 所示。从表中可以看出，当从提出的方法中移除一些组件时，它们的性能会比提出的加权图对比学习有所下降，这表明每个组件都有助于加权图对比学习。

表 6.3　加权图对比学习变体的分类准确率结果　单位：%

| 方法 | Cora | CiteSeer | PubMed |
| --- | --- | --- | --- |
| w/o GCLA | 81.8 | 71.6 | 79.8 |
| w/o w in GCLA | 83.1 | 73.4 | 80.5 |
| GCLA | **84.3** | **74.2** | **81.0** |

### 6.4.2.3 不同标签率下的实验结果

为了更好地研究提出的模型在监督信息较少的半监督节点分类情况下的性能，本节对不同的标签率进行了实验。对于 Cora 和 CiteSeer 数据集，将标签率设置为 1%、2%、3%，对于 PubMed 数据集，将标签率设置为 0.03%、0.05%、0.1%。

结果如表 6.4 所示，从中得出以下结论：① 在不同的标签率下，所提出的 GCLA 模型在三个数据集上优于所有其他方法。这是因为所提出的方法能够自适应地学习图对比项中的节点权重，从而提供更好、更合理的自监督信息。② 当标签率降低时，GCN 的性能急剧下降。例如，在 Cora 数据集中，当标签率从 3% 降至 1% 时，其分类性能从 74.9% 降至 56.9%。③ 与一般的图神经网络方法相比，图对比学习方法通常可以在较低的标签率下获得良好的性能，这也证明了图对比学习方法的有效性。

表 6.4　加权图对比学习在不同标签率下的分类精度结果　　单位: %

| 方法 | Cora 1% | Cora 2% | Cora 3% | CiteSeer 1% | CiteSeer 2% | CiteSeer 3% | PubMed 0.03% | PubMed 0.05% | PubMed 0.1% |
|---|---|---|---|---|---|---|---|---|---|
| LP | 62.3 | 65.4 | 67.5 | 40.2 | 43.6 | 45.3 | 61.4 | 65.4 | 66.4 |
| GCN | 56.9 | 67.8 | 74.9 | 46.5 | 62.6 | 66.9 | 61.8 | 68.8 | 71.9 |
| GAT | 71.7 | 73.5 | 78.5 | 64.7 | 69.0 | 69.3 | 65.7 | 69.9 | 72.4 |
| SGC | 64.3 | 68.9 | 71.0 | 50.7 | 55.8 | 60.9 | 62.5 | 69.4 | 69.9 |
| DGI | 72.4 | 75.6 | 78.9 | 66.9 | 68.1 | 69.8 | 60.2 | 68.8 | 70.7 |
| GMI | 71.0 | 76.1 | 78.9 | 63.5 | 65.7 | 68.0 | 60.1 | 62.4 | 71.4 |
| GCA | 72.2 | 72.8 | 76.4 | 60.5 | 65.1 | 67.4 | 65.2 | 68.7 | 72.9 |
| CG$^3$ | 74.1 | 76.6 | 79.9 | 70.6 | 70.9 | 71.3 | 68.3 | 70.1 | 73.2 |
| GCLA | **74.1** | **76.8** | **80.1** | **70.7** | **71.0** | **71.8** | **68.5** | **70.2** | **73.4** |

### 6.4.2.4 节点嵌入插件

WGCL 中的节点权重方案还可以作为一个单独的插件，与各种图增广方法、节点嵌入方法和代理任务相结合，应用到现有的图对比学习方法中。

为了验证加权机制的有效性，本节将此模块插入以下组件：① GCL 中不同图增广方法的组合——DN 表示本章中使用的图增广方法，将其命名为 DropNode；DE 表示在图增广模块中使用 DropEdge [79] 方法。② GCL 中不同节点嵌入方法的组合——GCN 表示在节点嵌入模块中使用 GCN 方法，GSE 表示在节点嵌入模块中使用 GraphSAGE 方法[20]。③ GCL 中不同代理任务的组合——UNS 表示对所有节点使用无监督 GCL；SS 表示使用文献 [205] 中提出的半监督图对比损失。

如图 6.5 所示，在三个数据上，使用本章所提出的节点加权方案插件的模型的性能均优于模型本身，证明了所提出的节点加权方案的灵活性和有效性。

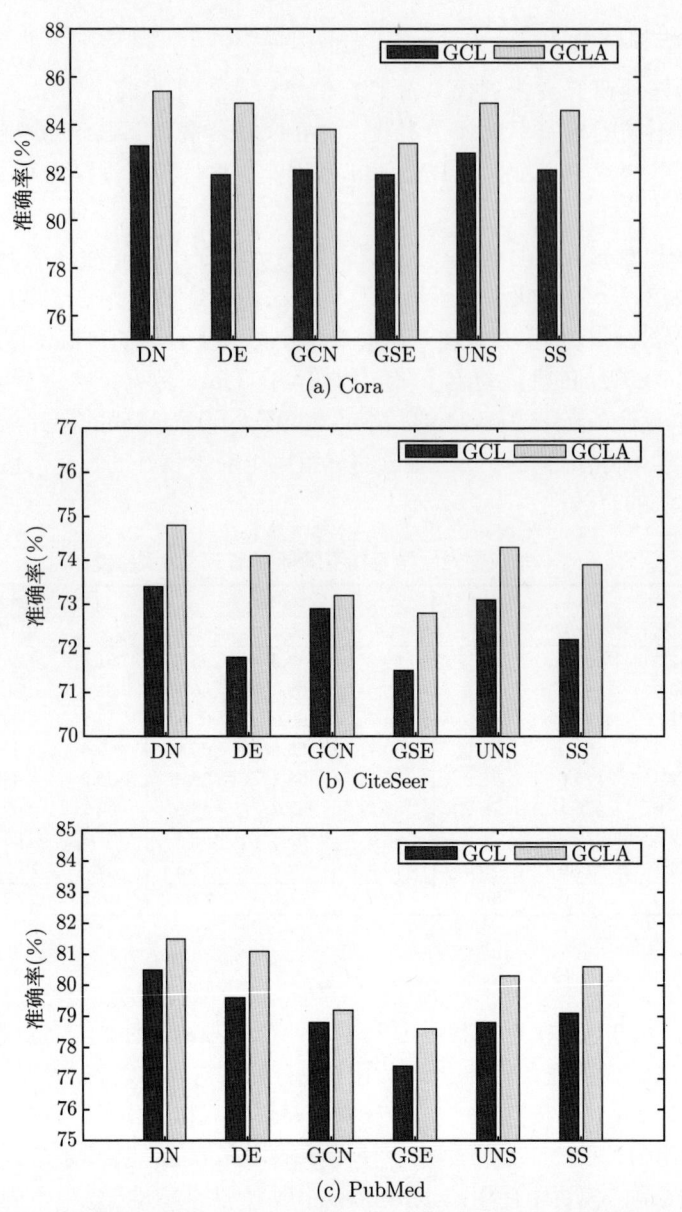

图 6.5 不同图对比学习方法结合提出的节点加权方案的分类准确率结果

## 6.5 本章小结

本章提出了一种基于注意力机制的图对比学习模型。该模型为不同的节点自适应地分配更合理的权重,而不是平等地对待它们,从而使模型能够为半监督节点分类任务学习更好的节点表示。此外，所提出的节点加权方案非常灵活，可以很容易地适应现有的图对比学习模型，并与其中的各种组件相结合。实验结果表明，通过增强节点自监督信息的区分性，所提出的模型与不做节点加权的图对比模型相比有了显著的提升，同时该模型相较于代表性的图对比学习方法能够获得更好的结果。

# 第 7 章　总结与展望

　　图神经网络作为一种新型的网络数据分析挖掘工具，其研究虽然已经在诸多领域取得了丰硕的成果，但是仍然面临着深度加深模型退化和监督信息过度依赖两个重要的挑战。为了应对这两个挑战，本书主要围绕如何深入挖掘图数据中蕴含的丰富信息，利用信息增强的手段，开展了基于混合阶的图神经网络模型、基于拓扑结构自适应的图神经网络模型、图结构与节点属性联合学习的变分图自编码器模型，以及基于注意力机制的图对比学习模型四个方面的研究工作。本书主要的研究成果与创新概括如下：

　　(1) 提出了一种基于混合阶的图神经网络模型。图神经网络在聚合过程中，随着深度的加深，将多跳内节点的信息不加区分地混合在一起，节点邻域的混杂也增加了过平滑的风险。为此，本书通过构建不同阶次的邻接矩阵以反映节点的不同连接。在每个特定阶邻接矩阵上，通过构造一个浅层的图神经网络以获得基于各种邻居关系的节点表示，缓解了由于堆叠多个消息传递层导致过平滑和浅层网络表达受限的问题。鉴于伪标记常常蕴含着数据的分布信息，本模型设计了一个结合无标记节点伪标记的负相关学习集成模块，以融合上述在不同阶邻接矩阵上学到的表示，从而进一步提高神经网络的表达能力。实验表明，基于混合阶的图神经网络模型在半监督节点分类方面能够更好地提升精度。

　　(2) 提出了一种基于拓扑结构自适应的图神经网络模型。在图神经网络节点交互的过程中，类间边是不同类节点交互的渠道。随着图神经网络深度的增加，不同类的节点通过类间边交换了更多的信息，导致不同的类节点更加相似，从而引发了过平滑问题。为此，本书着眼于图拓扑结构的深入挖掘，首先根据图拓扑的全局结构定义了图中边的强度，然后根据该边强度从原始图中移除了一些强度较高的边以获得一个新的图结构，最后在新的图上训练图神经网络。实验表明，基于拓扑结构自适应的图神经网络模型在多种类型的网络数据上，与已有的图神经网络模型相比有了明显的提升。

　　(3) 提出了一种图结构与节点属性联合学习的变分图自编码器模型。网络数据中包含着丰富的信息，如节点属性信息与图拓扑结构信息，两者模态相异却蕴含着互补信息。然而，在已有的图自编码器模型中，一般只考虑图结构或节点属性的重构，这无法更有效地学习到有意义的表示。为此，本书基于变分图自编码器模型，在解码阶段，对图结构信息和节点属性信息均进行了重构，在有效地融合了两种互补的图自监督信息的同时，设计了基于图信号处理的图编码和解码器，减少了传统方法带来的噪声问题。实验表明，提出的图结构与节点属性联合学习的变分图自编码器与单一的重构方法相比有明显提升，新设计的编码器和解码器进一步提升了图表示学习的质量，并在多个图分析挖掘任务中得到了验证。

(4) 提出了一种基于注意力机制的图对比学习模型。现有的图对比学习主要关注如何设计图增广方法及如何选择代理任务。然而，部分节点提供的图自监督信息对节点分类任务是有益的，而其余节点提供的图自监督信息对节点分类任务不是有益的，甚至是有害的。因此，考虑各个节点的权重对于获得良好的性能起着至关重要的作用。为此，本书基于注意力机制，设计了显式加权函数以为图对比项中的每个节点分配不同的权重；通过最小化训练损失来获取模型参数，通过最小化元数据损失优化节点加权函数的权重参数，上述两层优化过程交替迭代进行以获得更具代表性的节点表示。实验结果表明，所提出的模型在预测精度上相比未进行节点加权的图对比模型有显著提升，且优于其他对比方法。

综上所述，本书面向图神经网络学习方法中的深度加深模型退化和监督信息过度依赖的挑战，从信息增强的角度提出了相应的模型方法，为网络大数据的分析和挖掘提供了重要的研究成果，丰富和发展了图神经网络学习研究的模型与方法体系。但是，由于图神经网络起步较晚，仍有很多问题亟待分析研究。未来主要研究工作包括如下两个方面：

(1) 开展面向动态变化图数据的图神经网络学习方法的研究。现有的研究主要集中在静态图的图神经网络，然而，很多现实中处理的问题是动态的，这种动态性不仅包括节点的特征的变化，也包括不断变化的拓扑结构。因此，深入研究并发展面向动态变化数据的图神经网络技术，是一个极具潜力且值得进一步深入探讨的重要方向。

(2) 开展面向大图数据的图神经网络学习研究。很多实际应用中的图数据规模超大，包含百万甚至千万级节点，这对图神经网络模型的高效计算带来了巨大的挑战。因此，如何利用图采样、图粗糙化等压缩和划分的手段加速图神经网络的计算与处理是一个值得研究的方向。

总之，图神经网络是一种新型的网络数据分析挖掘工具，具有十分重要的学术研究价值和广泛的实际应用前景。随着互联网和大数据的不断发展，复杂的大规模网络数据将会给图神经网络带来更大的机遇和挑战，图神经网络的研究也将会得到进一步的拓展和丰富。

## 参 考 文 献

[1] LECUN Y, BENGIO Y, HINTON G. Deep learning[J]. Nature, 2015, 521(7553): 436-444.

[2] 涂存超, 杨成, 刘知远, 等. 网络表示学习综述 [J]. 科学通报, 1998, 43: 1681.

[3] 齐金山, 梁循, 李志宇, 等. 大规模复杂信息网络表示学习: 概念, 方法与挑战 [J]. 计算机学报, 2018, 10(41): 2394-2420.

[4] ZHANG C, SONG D, HUANG C, et al. Heterogeneous graph neural network[C]// Proceedings of the 25th International Conference on Knowledge Discovery and Data Mining, Anchorage: ACM, 2019: 793-803.

[5] HE X, DENG K, WANG X, et al. Lightgcn: Simplifying and powering graph convolution network for recommendation[C] // Proceedings of the 43rd International Conference on Research and Development in Information Retrieval, Virtual: ACM, 2020: 639-648.

[6] 徐冰冰, 岑科廷, 黄俊杰, 等. 图卷积神经网络综述 [J]. 计算机学报, 2020, 43(5): 755-780.

[7] HAO B, ZHANG J, YIN H, et al. Pre-training graph neural networks for cold-start users and items representation[C] // Proceedings of the 14th International Conference on Web Search and Data Mining, Virtual: ACM, 2021: 265-273.

[8] TU M, WANG G, HUANG J, et al. Multi-hop reading comprehension across multiple documents by reasoning over heterogeneous graphs[C] //Proceedings of the 57th Conference of the Association for Computational Linguistics, Florence: ACL, 2019: 2704-2713.

[9] FOUT A, BYRD J, SHARIAT B, et al. Protein interface prediction using graph convolutional networks[C] // Proceedings of the 30th Advances in Neural Information Processing Systems, Long Beach: MIT Press, 2017: 6530-6539.

[10] ZITNIK M, AGRAWAL M, LESKOVEC J. Modeling polypharmacy side effects with graph convolutional networks[J]. Bioinformatics, 2018, 34(13): i457-i466.

[11] WANG J, MA A, CHANG Y, et al. scGNN is a novel graph neural network framework for single-cell RNA-Seq analyses[J]. Nature Communications, 2021, 12(1): 1-11.

[12] SCHULTE-SASSE R, BUDACH S, HNISZ D, et al. Integration of multiomics data with graph convolutional networks to identify new cancer genes and their associated molecular mechanisms[J]. Nature Machine Intelligence, 2021, 3(6): 513-526.

[13] JIANG J, HE Z, ZHANG S, et al. Learning to transfer focus of graph neural network for scene graph parsing[J]. Pattern Recognition, 2021, 112: 107707.

[14] KHALIL E, DAI H, ZHANG Y, et al. Learning combinatorial optimization algorithms over graphs[C] // Proceedings of the 30th Advances in Neural Information Processing Systems, Long Beach: MIT Press, 2017: 6348–6358.

[15] LI Z, CHEN Q, KOLTUN V. Combinatorial optimization with graph convolutional networks and guided tree search[C] // Proceedings of the 31st Advances in Neural Information Processing Systems, Montréal: MIT Press, 2018: 537–546.

[16] ZHOU Y, LIU S, SIOW J K, et al. Devign: Effective vulnerability identification by learning comprehensive program semantics via graph neural networks[C]// Proceedings of the 32nd Advances in Neural Information Processing Systems, Vancouver: MIT Press, 2019: 10197–10207.

[17] ZHANG G, HE H, KATABI D. Circuit-GNN: Graph neural networks for distributed circuit design[C] // Proceedings of the 36th International Conference on Machine Learning, Long Beach: PMLR, 2019: 7364–7373.

[18] ZHOU J, CUI G, HU S, et al. Graph neural networks: A review of methods and applications[J]. AI Open, 2020, 1: 57–81.

[19] 马帅, 刘建伟, 左信. 图神经网络综述 [J]. 计算机研究与发展, 2022, 59(1): 47.

[20] HAMILTON W, YING Z, LESKOVEC J. Inductive representation learning on large graphs[C] // Proceedings of the 30th Advances in Neural Information Processing Systems, Long Beach: MIT Press, 2017: 1024–1034.

[21] MA Y, TANG J. Deep learning on graphs[M]. Cambridge County: Cambridge University Press, 2021.

[22] ABDI H, WILLIAMS L J. Principal component analysis[J]. Wiley Interdisciplinary Reviews: Computational Statistics, 2010, 2(4): 433–459.

[23] HOUT M C, PAPESH M H, GOLDINGER S D. Multidimensional scaling[J]. Wiley Interdisciplinary Reviews: Cognitive Science, 2013, 4(1): 93–103.

[24] ROWEIS S T, SAUL L K. Nonlinear dimensionality reduction by locally linear embedding[J]. Science, 2000, 290(5500): 2323–2326.

[25] TENENBAUM J B, SILVA V D, LANGFORD J C. A global geometric framework for nonlinear dimensionality reduction[J]. Science, 2000, 290(5500): 2319–2323.

[26] BELKIN M, NIYOGI P. Laplacian eigenmaps and spectral techniques for embedding and clustering[C] // Proceedings of the 14th Advances in Neural Information Processing Systems, Vancouver: MIT Press, 2001: 585–591.

[27] SHAW B, JEBARA T. Structure preserving embedding[C] // Proceedings of the 26th International Conference on Machine Learning, Montreal: ACM, 2009: 937–944.

[28] MIKOLOV T, SUTSKEVER I, CHEN K, et al. Distributed representations of words and phrases and their compositionality[C] // Proceedings of the 26th Advances in Neural Information Processing Systems, Lake Tahoe: MIT Press, 2013: 3111–3119.

[29] PEARSON K. The problem of the random walk[J]. Nature, 1905, 72(1865): 294–294.

[30] PEROZZI B, AL-RFOU R, SKIENA S. Deepwalk: Online learning of social representations[C]// Proceedings of the 20th International Conference on Knowledge Discovery and Data Mining, Québec: AAAI Press, 2014: 701-710.

[31] TANG J, QU M, WANG M, et al. Line: Large-scale information network embedding[C]// Proceedings of the 24th International World Wide Web Conference, Florence: ACM, 2015: 1067-1077.

[32] GROVER A, LESKOVEC J. Node2vec: Scalable feature learning for networks[C]// Proceedings of the 22nd International Conference on Knowledge Discovery and Data Mining, San Francisco: ACM, 2016: 855-864.

[33] RIBEIRO L F, SAVERESE P H, FIGUEIREDO D R. Struc2vec: Learning node representations from structural identity[C]// Proceedings of the 23rd International Conference on Knowledge Discovery and Data Mining, Halifax: ACM, 2017: 385-394.

[34] WANG X, CUI P, WANG J, et al. Community preserving network embedding[C]// Proceedings of the 31st AAAI Conference on Artificial Intelligence, San Francisco: AAAI Press, 2017: 203-209.

[35] GU Y, SUN Y, LI Y, et al. Rare: Social rank regulated large-scale network embedding[C] // Proceedings of the 27th International World Wide Web Conference, Lyon: ACM, 2018: 359-368.

[36] LAI Y A, HSU C C, CHEN W H, et al. Prune: Preserving proximity and global ranking for network embedding[C] // Proceedings of the 30th Advances in Neural Information Processing Systems, Long Beach: MIT Press, 2017: 5257-5266.

[37] CAO S, LU W, XU Q. Grarep: Learning graph representations with global structural information[C] // Proceedings of the 24th International Conference on Information and Knowledge Management, Melbourne: ACM, 2015: 891-900.

[38] OU M, CUI P, PEI J, et al. Asymmetric transitivity preserving graph embedding[C]// Proceedings of the 22nd International Conference on Knowledge Discovery and Data Mining, San Francisco: ACM, 2016: 1105-1114.

[39] QIU J, DONG Y, MA H, et al. Network embedding as matrix factorization: Unifying DeepWalk, LINE, PTE, and node2vec[C] // Proceedings of the 11th International Conference on Web Search and Data Mining, Marina Del Rey: ACM, 2017: 459-467.

[40] SESHADHRI C, SHARMA A, STOLMAN A, et al. The impossibility of low-rank representations for triangle-rich complex networks[J]. Proceedings of the National Academy of Sciences, 2020, 117(11): 5631-5637.

[41] WU Z, PAN S, CHEN F, et al. A comprehensive survey on graph neural networks[J]. IEEE Transactions on Neural Networks and Learning Systems, 2021, 32(1): 4-24.

[42] ZHANG Z, CUI P, ZHU W. Deep learning on graphs: A survey[J]. IEEE Transactions on Knowledge and Data Engineering, 2022, 34(1): 249-270.

[43] 赵港, 王千阁, 姚烽, 等. 大规模图神经网络系统综述 [J]. 软件学报, 2021, 33(1): 150–170.

[44] 白铂, 刘玉婷, 马驰骋, 等. 图神经网络 [J]. 中国科学: 数学, 2020, 3: 367–384.

[45] BRUNA J, ZAREMBA W, SZLAM A, et al. Spectral networks and locally connected networks on graphs[C] // The 2nd International Conference on Learning Representations, Banff: OpenReview, 2014.

[46] DEFFERRARD M, BRESSON X, VANDERGHEYNST P. Convolutional neural networks on graphs with fast localized spectral filtering[C] // Proceedings of the 29th Advances in Neural Information Processing Systems, Barcelona: MIT Press, 2016: 3837–3845.

[47] KIPF T N, WELLING M. Semi-Supervised classification with graph convolutional networks[C] // The 5th International Conference on Learning Representations, Toulon: OpenReview, 2017.

[48] WANG Y G, LI M, MA Z, et al. Haar graph pooling[C] // Proceedings of the 37th International Conference on Machine Learning, Virtual: PMLR, 2020: 9952–9962.

[49] XU B, SHEN H, CAO Q, et al. Graph wavelet neural network[C] // The 7th International Conference on Learning Representations, New Orleans: OpenReview, 2019.

[50] GILMER J, SCHOENHOLZ S S, RILEY P F, et al. Neural message passing for quantum chemistry[C] // Proceedings of the 34th International Conference on Machine Learning, Sydney: PMLR, 2017: 1263–1272.

[51] VELIČKOVIĆ P, CUCURULL G, CASANOVA A, et al. Graph attention networks[C] // The 6th International Conference on Learning Representations, Vancouver: OpenReview, 2018.

[52] DUVENAUD D, MACLAURIN D, AGUILERA-IPARRAGUIRRE J, et al. Convolutional networks on graphs for learning molecular fingerprints[C] // Proceedings of the 28th Advances in Neural Information Processing Systems, Montreal: MIT Press, 2015: 2224–2232.

[53] ATWOOD J, TOWSLEY D. Diffusion-convolutional neural networks[C]// Proceedings of the 29th Advances in Neural Information Processing Systems, Barcelona: MIT Press, 2016: 1993–2001.

[54] MONTI F, BOSCAINI D, MASCI J, et al. Geometric deep learning on graphs and manifolds using mixture model CNNs[C] // Proceedings of the IEEE Conference on Computer Vision and Pattern Recognition, Honolulu: IEEE, 2017: 5425–5434.

[55] WANG X, JI H, SHI C, et al. Heterogeneous graph attention network[C]// Proceedings of the 28th International World Wide Web Conference, San Francisco: ACM, 2019: 2022–2032.

[56] VELIKOVI P, FEDUS W, HAMILTON W L, et al. Deep graph infomax[C] // The 7th International Conference on Learning Representations, New Orleans: OpenReview, 2019.

[57] ZHAO T, LIU Y, NEVES L, et al. Data augmentation for graph neural networks[C]// Proceedings of the 34th AAAI Conference on Artificial Intelligence, Virtual: AAAI Press, 2021: 11015-11023.

[58] LAN L, WANG P, DU X, et al. Node classification on graphs with few-shot novel labels via meta transformed network embedding[C] // Proceedings of the 34th Advances in Neural Information Processing Systems, Virtual: MIT Press, 2020: 16520-16531.

[59] LIU Z, FANG Y, LIU C, et al. Relative and absolute location embedding for few-shot node classification on graph[C] // Proceedings of the 35th AAAI Conference on Artificial Intelligence, Virtual: AAAI Press, 2021: 4267-4275.

[60] REGOL F, PAL S, ZHANG Y, et al. Active learning on attributed graphs via graph cognizant logistic regression and preemptive query generation[C] // Proceedings of the 37th International Conference on Machine Learning, Virtual: PMLR, 2020: 8041-8050.

[61] FENG W, ZHANG J, DONG Y, et al. Graph random neural networks for semi-supervised learning on graphs[C] // Proceedings of the 34th Advances in Neural Information Processing Systems, Virtual: MIT Press, 2020: 22092-22103.

[62] ZHANG X, ZITNIK M. GNNGuard: Defending graph neural networks against adversarial attacks[C] // Proceedings of the 33rd Advances in Neural Information Processing Systems, Virtual: MIT Press, 2020: 9263-9275.

[63] DAI H, LI H, TIAN T, et al. Adversarial attack on graph structured data[C]// Proceedings of the 35th International Conference on Machine Learning, Stockholm: PMLR, 2018: 1123-1132.

[64] ZÜGNER D, AKBARNEJAD A, GÜNNEMANN S. Adversarial attacks on neural networks for graph data[C] // Proceedings of the 24th International Conference on Knowledge Discovery and Data Mining, London: ACM, 2018: 2847-2856.

[65] VU M, THAI M T. Pgm-explainer: Probabilistic graphical model explanations for graph neural networks[C] // Proceedings of the 33rd Advances in Neural Information Processing Systems, Virtual: MIT Press, 2020: 12225-12235.

[66] BAJAJ M, CHU L, XUE Z Y, et al. Robust counterfactual explanations on graph neural networks[C] // The 34th Advances in Neural Information Processing Systems, Virtual: MIT Press, 2021: 5644-5655.

[67] LIN W, LAN H, LI B. Generative causal explanations for graph neural networks[C]// Proceedings of the 38th International Conference on Machine Learning, Virtual: PMLR, 2021: 6666-6679.

[68] YING Z, BOURGEOIS D, YOU J, et al. GNNExplainer: Generating explanations for graph neural networks[C] // Proceedings of the 32nd Advances in Neural Information Processing Systems, Vancouver: MIT Press, 2019: 9240-9251.

[69] LEE J, LEE I, KANG J. Self-attention graph pooling[C] // Proceedings of the 36th International Conference on Machine Learning, Long Beach: PMLR, 2019: 3734-3743.

[70] YUAN H, JI S. Structpool: Structured graph pooling via conditional random fields[C]// The 8th International Conference on Learning Representations, Addis Ababa: OpenReview, 2020.

[71] GAO H, LIU Y, JI S. Topology-aware graph pooling networks[J]. IEEE Transactions on Pattern Analysis and Machine Intelligence, 2021, 43(12): 4512-4518.

[72] MESQUITA D, SOUZA A, KASKI S. Rethinking pooling in graph neural networks[C]// Proceedings of the 33rd Advances in Neural Information Processing Systems, Virtual: MIT Press, 2020: 2220-2231.

[73] YING Z, YOU J, MORRIS C, et al. Hierarchical graph representation learning with differentiable pooling[C] // Proceedings of the 31st Advances in Neural Information Processing Systems, Montréal: MIT Press, 2018: 4805-4815.

[74] CHEN J J, MA T, XIAO C. FastGCN: Fast learning with graph convolutional networks via importance sampling[C] // The 8th International Conference on Learning Representations, Vancouver: OpenReview, 2018.

[75] ZOU D, HU Z, WANG Y, et al. Layer-dependent importance sampling for training deep and large graph convolutional networks[C] // Proceedings of the 32nd Advances in Neural Information Processing Systems, Vancouver: MIT Press, 2019: 11247-11256.

[76] DENG C, ZHAO Z, WANG Y, et al. Graphzoom: A multi-level spectral approach for accurate and scalable graph embedding[C] // The 9th International Conference on Learning Representations, Addis Ababa: OpenReview, 2019.

[77] GAO H, WANG Z, JI S. Large-scale learnable graph convolutional networks[C]// Proceedings of the 24th International Conference on Knowledge Discovery and Data Mining, London: ACM, 2018: 1416-1424.

[78] LI Q, HAN Z, WU X M. Deeper insights into graph convolutional networks for semi-supervised learning[C] // Proceedings of the 32nd AAAI Conference on Artificial Intelligence, New Orleans: AAAI Press, 2018: 3538-3545.

[79] RONG Y, HUANG W, XU T, et al. DropEdge: Towards deep graph convolutional networks on node classification[C] // The 8th International Conference on Learning Representations, Addis Ababa: OpenReview, 2020.

[80] HU R, PAN S, LONG G, et al. Going deep: Graph convolutional ladder-shape networks[C] // Proceedings of the 34th AAAI Conference on Artificial Intelligence, New York: AAAI Press, 2020: 2838-2845.

[81] CHEN M, WEI Z, HUANG Z, et al. Simple and deep graph convolutional networks[C]// Proceedings of the 37th International Conference on Machine Learning, Virtual: PMLR, 2020: 1725-1735.

[82] LIU M, GAO H, JI S. Towards deeper graph neural networks[C] // Proceedings of the 26th International Conference on Knowledge Discovery and Data Mining, Virtual: ACM, 2020: 338-348.

[83] HU W, FEY M, ZITNIK M, et al. Open Graph Benchmark: Datasets for Machine Learning on Graphs[C] // Proceedings of the 33rd Advances in Neural Information Processing Systems, Virtual: MIT Press, 2020: 6827-6839.

[84] CHANUSSOT L, DAS A, GOYAL S, et al. Open catalyst 2020 (OC20) dataset and community challenges[J]. ACS Catalysis, 2021, 11(10): 6059-6072.

[85] HUANG J, SHEN H, CAO Q, et al. Signed bipartite graph neural networks[C]// Proceedings of the 30th International Conference on Information and Knowledge Management, Virtual: ACM, 2021: 740-749.

[86] LI Y, TIAN Y, ZHANG J, et al. Learning signed network embedding via graph attention[C] // Proceedings of the 32nd AAAI Conference on Artificial Intelligence, New York: AAAI Press, 2020: 4772-4779.

[87] MA Y, WANG S, AGGARWAL C C, et al. Multi-dimensional graph convolutional networks[C] // Proceedings of the 2019 SIAM International Conference on Data Mining, Calgary: SIAM, 2019: 657-665.

[88] TONG Z, LIANG Y, DING H, et al. Directed graph contrastive learning[C] // The 35th Advances in Neural Information Processing Systems, New York: Virtual, 2021: 19580-19593.

[89] JIANG J, WEI Y, FENG Y, et al. Dynamic hypergraph neural networks[C]// Proceedings of the 28th International Joint Conference on Artificial Intelligence, Macao: Morgan Kaufmann, 2019: 2635-2641.

[90] LI Q, WU X, LIU H, et al. Label efficient semi-supervised learning via graph filtering[C] // Proceedings of the IEEE Conference on Computer Vision and Pattern Recognition, Long Beach: IEEE, 2019: 9582-9591.

[91] LI G, MÜLLER M, THABET A K, et al. DeepGCNs: Can GCNs go as deep as CNNs?[C] // Proceedings of the International Conference on Computer Vision, Seoul: IEEE, 2020: 9266-9275.

[92] HE K, ZHANG X, REN S, et al. Deep Residual Learning for Image Recognition[C]// Proceedings of the IEEE Conference on Computer Vision and Pattern Recognition, Las Vegas: IEEE, 2016: 770-778.

[93] IOFFE S, SZEGEDY C. Batch normalization: Accelerating deep network training by reducing internal covariate shift[C] // Proceedings of the 32nd International Conference on Machine Learning, Lille: PMLR, 2015: 448-456.

[94] ZHAO L, AKOGLU L. PairNorm: Tackling oversmoothing in GNNs[C] // The 8th International Conference on Learning Representations, Addis Ababa: OpenReview.net, 2020.

[95] CHEN D, LIN Y, LI W, et al. Measuring and relieving the over-smoothing problem for graph neural networks from the topological view[C] // Proceedings of the 34th AAAI Conference on Artificial Intelligence, New York: AAAI Press, 2020: 3438-3445.

[96] LUO D, CHENG W, YU W, et al. Learning to drop: Robust graph neural network via topological denoising[C] // Proceedings of the 14th International Conference on Web Search and Data Mining, Virtual: ACM, 2021: 779-787.

[97] JING L, TIAN Y. Self-Supervised visual feature learning with deep neural networks:A Survey[J]. IEEE Transactions on Pattern Analysis and Machine Intelligence, 2021, 43(11): 4037-4058.

[98] HE K, FAN H, WU Y, et al. Momentum contrast for unsupervised visual representation Learning[C] // Proceedings of the conference on Computer Vision and Pattern Recognition, Seattle, WA, USA: Computer Vision Foundation IEEE, 2020: 9726-9735.

[99] CHEN T, KORNBLITH S, NOROUZI M, et al. A simple framework for contrastive Learning of Visual Representations[C] // Proceedings of the 37th International Conference on Machine Learning, Virtual: PMLR, 2020: 1597-1607.

[100] GRILL J, STRUB F, ALTCHÉ F, et al. Bootstrap your own latent - a new approach to Self-Supervised Learning[C] // Proceedings of the 33rd Advances in Neural Information Processing Systems, 2020: 21271-21284.

[101] ZBONTAR J, JING L, MISRA I, et al. Barlow twins: self-supervised learning via Redundancy Reduction[C] //Proceedings of the 38th International Conference on Machine Learning, Virtual: PMLR, 2021: 12310-12320.

[102] MIKOLOV T, CHEN K, CORRADO G, et al. Efficient estimation of word Representations in Vector Space[C] //The 1st International Conference on Learning Representations. Scottsdale, Arizona, USA: OpenReview, 2013.

[103] LIU Y, JIN M, PAN S, et al. Graph self-supervised learning: a survey[J]. IEEE Transactions on Knowledge and Data Engineering, 2023, 35(6): 5879-5900.

[104] TIAN Y, SUN C, POOLE B, et al. What makes for good views for contrastive learning?[C] // Proceedings of the 33rd Advances in Neural Information Processing Systems, Virtual: MIT Press, 2020: 6827-6839.

[105] DAI B, LIN D. Contrastive learning for image captioning[C] // Proceedings of the 30th Advances in Neural Information Processing Systems, Long Beach: MIT Press, 2017.

[106] YOU Y, CHEN T, SUI Y, et al. Graph contrastive learning with augmentations[C]// Proceedings of the 33rd Advances in Neural Information Processing Systems, Virtual: MIT Press, 2020: 5812-5823.

[107] QIU J, CHEN Q, DONG Y, et al. Gcc: Graph contrastive coding for graph neural network pre-training[C] // Proceedings of the 26th Conference on Knowledge Discovery and Data Mining, Virtual: ACM, 2020: 1150-1160.

[108] JIAO Y, XIONG Y, ZHANG J, et al. Sub-graph contrast for scalable self-supervised graph representation learning[C] // Proceedings of the 20th International Conference on Data Mining, Sorrento: IEEE, 2020: 222-231.

[109] ZHU Y, XU Y, YU F, et al. Graph contrastive learning with adaptive augmentation[C]// Proceedings of the 20th International World Wide Web Conference, Virtual: ACM, 2021: 2069-2080.

[110] YOU Y, CHEN T, SHEN Y, et al. Graph contrastive learning automated[C]// Proceedings of the 38th International Conference on Machine Learning, Virtual: PMLR, 2021: 12121-12132.

[111] JIN M, ZHENG Y, LI Y, et al. Multi-Scale Contrastive Siamese Networks for Self-Supervised Graph Representation Learning[C] //Proceedings of the 30th International Joint Conference on Artificial Intelligence, Montreal, Canada: ijcai.org, 2021: 1477-1483.

[112] HASSANI K, KHASAHMADI A H. Contrastive multi-view representation learning on graphs[C] // Proceedings of the 37th International Conference on Machine Learning, Virtual: PMLR, 2020: 4116-4126.

[113] ZENG J, XIE P. Contrastive self-supervised learning for graph classification[C]// Proceedings of the 35th AAAI Conference on Artificial Intelligence, Virtual: AAAI Press, 2020: 10824-10832.

[114] YIN Y, WANG Q, HUANG S, et al. AutoGCL: automated graph contrastive learning via Learnable View Generators[C] //Proceedings of the 36th AAAI Conference on Artificial Intelligence, Virtual: AAAI Press, 2022: 8892-8900.

[115] ZHU Y, XU Y, YU F, et al. Graph contrastive learning with adaptive augmentation[C]//Proceedings of the Web Conference, Virtual: ACM, 2021: 2069-2080.

[116] THAKOOR S, TALLEC C, AZAR M G, et al. Bootstrapped representation learning on graphs[C]//ICLR Workshop on Genometrical and Topological Repre-sentation Learning, 2021.

[117] JIAO Y, XIONG Y, ZHANG J, et al. Sub-graph contrast for scalable self-Supervised Graph Representation Learning[C] // Proceedings of the International Conference on Data Mining, Sorrento, Italy: IEEE, 2020: 222-231.

[118] SUBRAMONIAN A. MOTIF-Driven contrastive learning of graph representations[C]// Proceedings of the 35th AAAI Conference on Artificial Intelligence, Virtual: AAAI Press, 2021: 15980-15981.

[119] SUN F, HOFFMANN J, VERMA V, et al. InfoGraph: Unsupervised and semi-supervised graph-Level representation learning via mutual Information Maximization[C] //8th International Conference on Learning Representations, Addis Ababa, Ethiopia: OpenReview.net, 2020.

[120] CHU G, WANG X, SHI C, et al. CuCo: Graph representation with curriculum contrastive learning[C] //Proceedings of the 30th International Joint Conference on Artificial Intelligence, 2021: 2300-2306.

[121] XIA J, WU L, WANG G, et al. ProGCL: Rethinking hard negative mining in Graph Contrastive Learning[C] // Proceedings of the 39th International Conference on Machine Learning, Baltimore, Maryland, USA: PMLR, 2022: 24332-24346.

[122] ZHONG H, WU J, CHEN C, et al. Graph contrastive clustering[C] // Proceedings of the IEEE/CVF International Conference on Computer Vision, Montreal, QC, Canada: IEEE, 2021: 9204−9213.

[123] LI B, JING B, TONG H. Graph communal contrastive Learning[C] // Proceedings of the ACM Web Conference, Virtual: ACM, 2022: 1203−1213.

[124] BIELAK P, KAJDANOWICZ T, CHAWLA N V. Graph Barlow Twins: A self-supervised representation learning framework for graphs[J]. Knowledge-Based Systems, 2022, 256: 109631.

[125] ZHANG H, WU Q, YAN J, et al. From canonical correlation analysis to self-supervised Graph Neural Networks[C] // Proceedings of the 34th Advances in Neural Information Processing Systems, 2021: 76−89.

[126] POKLE A, TIAN J, LI Y, et al. Contrasting the landscape of contrastive and non-contrastive learning[C] // Proceedings of the International Conference on Artificial Intelligence and Statistics, Virtual: PMLR, 2022: 8592−8618.

[127] KIPF T N, WELLING M. Variational graph auto-encoders[C]//NeurIPS Work-shop on Bayesian Deep Learning, 2016.

[128] PAN S, HU R, LONG G, et al. Adversarially regularized graph autoencoder for graph embedding[C] // Proceedings of the 27th International Joint Conference on Artificial Intelligence, Stockholm: Morgan Kaufmann, 2018: 2609−2615.

[129] PARK J, LEE M, CHANG H J, et al. Symmetric graph convolutional autoencoder for unsupervised graph representation learning[C] // Proceedings of the International Conference on Computer Vision, Seoul: IEEE, 2019: 6519−6528.

[130] JIN W, DERR T, WANG Y, et al. Node similarity preserving graph convolutional networks[C] // Proceedings of the 14th International Conference on Web Search and Data Mining, 2021: 148−156.

[131] SUN K, LIN Z, ZHU Z. Multi-Stage self-supervised learning for graph convolutional networks on graphs with few labeled nodes[C] // Proceedings of the 34th AAAI Conference on Artificial Intelligence, New York: AAAI Press, 2020: 5892−5899.

[132] XU M, WANG H, NI B, et al. Self-supervised graph-level representation learning with local and global structure[C] //Proceedings of the 38th International Conference on Machine Learning, Virtual: PMLR, 2021: 11548−11558.

[133] LI J, CHENG J H, SHI J Y, et al. Brief introduction of back propagation (BP) neural network algorithm and its improvement[J]. Advances in Computer Science and Information Engineering, 2012, 2: 553−558.

[134] ZHOU R, DING Q. Quantum mp neural network[J]. International Journal of Theoretical Physics, 2007, 46: 3209−3215.

[135] DELASHMIT W H, MANRY M T. Recent developments in multilayer perceptron neural networks[C] // Proceedings of the 7th annual memphis area engineering and science conference: MAESC, 2005: 33.

[136] GLOROT X, BENGIO Y. Understanding the difficulty of training deep feedforward neural networks[C] // Proceedings of the 13th International Conference on Artificial Intelligence and Statistics, 2010: 249-256.

[137] LI Z, LIU F, YANG W, et al. A survey of convolutional neural networks: analysis, applications, and prospects[J]. IEEE Transactions on Neural Networks and Learning Systems, 2021, 33(12): 6999-7019.

[138] LI T, JIN D, DU C, et al. The image-based analysis and classification of urine sediments using a LeNet-5 neural network[J]. Computer Methods in Biomechanics and Biomedical Engineering: Imaging & Visualization, 2020, 8(1): 109-114.

[139] PRASHANTH D S, MEHTA R V K, RAMANA K, et al. Handwritten devanagari character recognition using modified lenet and alexnet convolution neural networks[J]. Wireless Personal Communications, 2022, 122(1): 349-378.

[140] LU S, LU Z, ZHANG Y-D. Pathological brain detection based on AlexNet and transfer learning[J]. Journal of Computational Science, 2019, 30: 41-47.

[141] AL-QIZWINI M, BARJASTEH I, AL-QASSAB H, et al. Deep learning algorithm for autonomous driving using googlenet[C] // 2017 IEEE Intelligent Vehicles Symposium (IV), 2017: 89-96.

[142] HE F, LIU T, TAO D. Why resnet works? residuals generalize[J]. IEEE Transactions on Neural Networks and Learning Systems, 2020, 31(12): 5349-5362.

[143] PASCANU R, MIKOLOV T, BENGIO Y. On the difficulty of training recurrent neural networks[C] //Proceedings of the 30th International Conference on Machine Learning, 2013: 1310-1318.

[144] SCHUSTER M, PALIWAL K K. Bidirectional recurrent neural networks[J]. IEEE Transactions on Signal Processing, 1997, 45(11): 2673-2681.

[145] GREFF K, SRIVASTAVA R K, KOUTNíK J, et al. LSTM: A search space odyssey[J]. IEEE Transactions on Neural Networks and Learning Systems, 2016, 28(10): 2222-2232.

[146] CEMGIL T, GHAISAS S, DVIJOTHAM K, et al. The autoencoding variational autoencoder[C]//Proceedings of the 34th Advances in Neural Information Processing Systems. 2020: 15077-15087.

[147] PENNINGS J M, HARIANTO F. Technological networking and innovation implementation[J]. Organization Science, 1992, 3(3): 356-382.

[148] WELLMAN B. Computer networks as social networks[J]. Science, 2001, 293(5537): 2031-2034.

[149] ALM E, ARKIN A P. Biological networks[J]. Current Opinion in Structural Biology, 2003, 13(2): 193-202.

[150] HARARY F, GUPTA G. Dynamic graph models[J]. Mathematical and Computer Modelling, 1997, 25(7): 79-87.

[151] FENG Y, YOU H, ZHANG Z, et al. Hypergraph neural networks[C] // Proceedings of the AAAI Conference on Artificial Intelligence: Vol 33, 2019: 3558-3565.

[152] WANG Z, CHEN C, LI W. Predictive network representation learning for link prediction[C] // Proceedings of the 40th International Conference on Research and Development in Information Retrieval, Shinjuku: ACM, 2017: 969-972.

[153] PAPADOPOULOS S, KOMPATSIARIS Y, VAKALI A, et al. Community detection in social media: Performance and application considerations[J]. Data Mining and Knowledge Discovery, 2012, 24: 515-554.

[154] CUI P, WANG X, PEI J, et al. A survey on network embedding[J]. IEEE Transactions on Knowledge and Data Engineering, 2018, 31(5): 833-852.

[155] ZHANG M, CUI Z, NEUMANN M, et al. An end-to-end deep learning architecture for graph classification[C] // Proceedings of the AAAI Conference on Artificial Intelligence: Vol 32, 2018.

[156] MAGZHAN K, JANI H M. A review and evaluations of shortest path algorithms[J]. Internationa Journal of Scientific and Technological Research, 2013, 2(6): 99-104.

[157] YAN E, DING Y. Applying centrality measures to impact analysis: A coauthorship network analysis[J]. Journal of the American Society for Information Science and Technology, 2009, 60(10): 2107-2118.

[158] SUN S, LUO Q. In-memory subgraph matching: An in-depth study[C] // Proceedings of the 2020 ACM SIGMOD International Conference on Management of Data, 2020: 1083-1098.

[159] LATHAM II L G. Network flow analysis algorithms[J]. Ecological Modelling, 2006, 192(3-4): 586-600.

[160] FANG J, LIU W, GAO Y, et al. Evaluating post-hoc explanations for graph neural networks via robustness analysis[C]. Advances in Neural Information Processing Systems, 2024, 36.

[161] SALHA G, HENNEQUIN R, TRAN V A, et al. A degeneracy framework for scalable graph autoencoders[C] // Proceedings of the 28th International Joint Conference on Artificial Intelligence, Macao: Morgan Kaufmann, 2019: 3353-3359.

[162] BENGIO Y, COURVILLE A C, VINCENT P. Representation learning: A review and new perspectives[J]. IEEE Transactions on Pattern Analysis and Machine Intelligence, 2013, 35(8): 1798-1828.

[163] LECUN Y, BENGIO Y, HINTON G. Deep learning[J]. Nature, 2015, 521(7553): 436-444.

[164] CHEN Y, LIU K, SONG J, et al. Attribute group for attribute reduction[J]. Information Sciences, 2020, 535: 64-80.

[165] JIANG Z, LIU K, YANG X, et al. Accelerator for supervised neighborhood based attribute reduction[J]. International Journal of Approximate Reasoning, 2020, 119: 122-150.

[166] KANG Z, LU X, LIANG J, et al. Relation-guided representation learning[J]. Neural Networks, 2020, 131: 93-102.

[167] LIU K, YANG X, FUJITA H, et al. An efficient selector for multi-granularity attribute reduction[J]. Information Sciences, 2019, 505: 457−472.

[168] LIU K, YANG X, YU H, et al. Supervised information granulation strategy for attribute reduction[J]. International Journal of Machine Learning and Cybernetics, 2020, 11(9): 2149−2163.

[169] VAN ENGELEN J E, HOOS H H. A survey on semi-supervised learning[J]. Machine Learning, 2020, 109(2): 373−440.

[170] GAO C, ZHOU J, MIAO D, et al. Three-way decision with co-training for partially labeled data[J]. Information Sciences, 2021, 544: 500−518.

[171] LIU Y, YAO X. Ensemble learning via negative correlation[J]. Neural Networks, 1999, 12(10): 1399−1404.

[172] LIU Y, YAO X, HIGUCHI T. Evolutionary ensembles with negative correlation learning[J]. IEEE Transactions on Evolutionary Computation, 2000, 4(4): 380−387.

[173] WU X M, LI Z, SO A M, et al. Learning with partially absorbing random walks[C]// Proceedings of the 25th Advances in Neural Information Processing Systems, Lake Tahoe: MIT Press, 2012: 3077−3085.

[174] ABU-EL-HAIJA S, PEROZZI B, KAPOOR A, et al. MixHop: Higher-order graph convolutional architectures via sparsified neighborhood mixing[C]// Proceedings of the 36th International Conference on Machine Learning, Long Beach: PMLR, 2019: 21−29.

[175] ABADI M, BARHAM P, CHEN J, et al. Tensorflow: A system for large-scale machine learning[C]// Proceedings of the 12th Symposium on Operating Systems Design and Implementation, Savannah: USENIX Association, 2016: 265−283.

[176] KINGMA D P, BA J. Adam: A Method for Stochastic Optimization[C]// The 3rd International Conference on Learning Representations, San Diego: OpenReview.net, 2015.

[177] MA J, CUI P, KUANG K, et al. Disentangled graph convolutional networks[C]// Proceedings of the 36th International Conference on Machine Learning, Long Beach: PMLR, 2019: 4212−4221.

[178] ZHU X, GHAHRAMANI Z, LAFFERTY J D. Semi-Supervised learning using gaussian fields and harmonic functions[C]// Proceedings of the 20th International Conference on Machine Learning, Washington: PMLR, 2003: 912−919.

[179] LIN G, LIAO K, SUN B, et al. Dynamic graph fusion label propagation for semi-supervised multi-modality classification[J]. Pattern Recognition, 2017, 68: 14−23.

[180] LI M, MA Z, WANG Y G, et al. Fast Haar transforms for graph neural networks[J]. Neural Networks, 2020, 128: 188−198.

[181] KUDO T, MAEDA E, MATSUMOTO Y. An application of boosting to graph classification[C]// Proceedings of the 18th Advances in Neural Information Processing Systems, Vancouver: MIT Press, 2005: 729−736.

[182] LI J, RONG Y, CHENG H, et al. Semi-supervised graph classification: A hierarchical graph perspective[C] // Proceedings of the 28th International World Wide Web Conference, San Francisco: ACM, 2019: 972-982.

[183] ERRICA F, PODDA M, BACCIU D, et al. A fair comparison of graph neural networks for graph classification[C] // The 8th International Conference on Learning Representations, Addis Ababa: OpenReview.net, 2020.

[184] ZHANG S, YAO L, SUN A, et al. Deep learning based recommender system: A survey and new perspectives[J]. ACM Computing Surveys, 2019, 52(1): 1-38.

[185] NG A Y, JORDAN M I, WEISS Y. On spectral clustering: Analysis and an algorithm[C] // Proceedings of the 14th Advances in Neural Information Processing Systems, Vancouver: MIT Press, 2002: 849-856.

[186] ZHAN K, NIE F, WANG J, et al. Multiview consensus graph clustering[J]. IEEE Transactions Image Process, 2018, 28(3): 1261-1270.

[187] EFRAIMIDIS P S, SPIRAKIS P G. Weighted random sampling with a reservoir[J]. Information Processing Letters, 2006, 97(5): 181-185.

[188] LOVÁSZ L. Random walks on graphs: A survey[J]. Combinatorics Paul erdos is Eighty, 1993, 2(1): 1-46.

[189] BO D, WANG X, SHI C, et al. Beyond low-frequency information in graph convolutional networks[C] // Proceedings of the 34th AAAI Conference on Artificial Intelligence, Virtual: AAAI Press, 2021: 3950-3957.

[190] XU K, LI C, TIAN Y, et al. Representation learning on graphs with jumping knowledge networks[C] // Proceedings of the 35th International Conference on Machine Learning, Stockholmsmässan: PMLR, 2018: 5449-5458.

[191] SZEGEDY C, VANHOUCKE V, IOFFE S, et al. Rethinking the inception architecture for computer vision[C] // Proceedings of the IEEE Conference on Computer Vision and Pattern Recognition, Las Vegas: IEEE, 2016: 2818-2826.

[192] CAI H, ZHENG V W, CHANG K C. A comprehensive survey of graph embedding: Problems, techniques, and applications[J]. IEEE Transactions on Knowledge and Data Engineering, 2018, 30(9): 1616-1637.

[193] HAMILTON W L, YING R, LESKOVEC J. Representation learning on graphs: Methods and applications[J]. IEEE Database Engineering Bulletin, 2017, 40(3): 52-74.

[194] GU J, WANG Z, KUEN J, et al. Recent advances in convolutional neural networks[J]. Pattern Recognition, 2018, 77: 354-377.

[195] MENG Z, LIANG S, BAO H, et al. Co-embedding attributed networks[C]// Proceedings of the 12th International Conference on Web Search and Data Mining, Melbourne: ACM, 2019: 393-401.

[196] GROVER A, ZWEIG A, ERMON S. Graphite: Iterative generative modeling of graphs[C] // Proceedings of the 36th International Conference on Machine Learning, Long Beach: PMLR, 2019: 2434-2444.

[197] SHUMAN D I, NARANG S K, FROSSARD P, et al. The emerging field of signal processing on graphs: Extending high-dimensional data analysis to networks and other irregular domains[J]. IEEE Signal Processing Magazine, 2013, 30(3): 83-98.

[198] KINGMA D P, WELLING M. Auto-encoding variational bayes[C] // The 2nd International Conference on Learning Representations, Banff: OpenReview.net, 2014.

[199] LLOYD S P. Least squares quantization in PCM[J]. IEEE Transactions on Information Theory, 1982, 28(2): 129-137.

[200] MAATEN L V D, HINTON G. Visualizing data using t-SNE[J]. Journal of Machine Learning Research, 2008, 9(2605): 2579-2605.

[201] FINN C, ABBEEL P, LEVINE S. Model-agnostic meta-learning for fast adaptation of deep networks[C] // Proceedings of the 34th International Conference on Machine Learning, Sydney: PMLR, 2017: 1126-1135.

[202] SNOEK J, LAROCHELLE H, ADAMS R P. Practical bayesian optimization of machine learning algorithms[C] // Proceedings of the 25th Advances in Neural Information Processing Systems, Toulon: MIT Press, 2012: 2960-2968.

[203] KOLESNIKOV A, ZHAI X, BEYER L. Revisiting self-supervised visual representation learning[C] // Proceedings of the IEEE Conference on Computer Vision and Pattern Recognition, Long Beach: IEEE, 2019: 1920-1929.

[204] REN M, ZENG W, YANG B, et al. Learning to reweight examples for robust deep learning[C] // Proceedings of the 35th International Conference on Machine Learning, Stockholmsmässan: PMLR, 2018: 4334-4343.

[205] WAN S, PAN S, YANG J, et al. Contrastive and generative graph convolutional networks for graph-based semi-supervised learning[C] // Proceedings of the 35th AAAI Conference on Artificial Intelligence, Virtual: AAAI Press, 2021: 10049-10057.

[206] WU F, ZHANG T, SOUZA JR A H D, et al. Simplifying graph convolutional networks[C] // Proceedings of the 36th International Conference on Machine Learning, Long Beach: PMLR, 2019: 6861-6871.

[207] PENG Z, HUANG W, LUO M, et al. Graph representation learning via graphical mutual information maximization[C] // Proceedings of the 19th International World Wide Web Conference, Taipei: ACM, 2020: 259-270.

# 后　　记

本书在校对和出版过程中，得到了众多学者专家和出版社人员的大力支持和帮助，在此表示衷心的感谢。

首先谨以最诚挚的敬意感谢我的恩师梁吉业教授！在博士期间，梁教授在学术中和生活上都让我受益良多。学术上，您教会了我做事要有大局观，要走适合自己的路；在您的教诲中，我学会了遇到事物要抓本质、言简赅、述清楚；您不仅给我指明了前进的方向，更在我前进的路途上扫清障碍，您的教诲时时鞭策我努力、再努力，严谨、再严谨，前进、再前进；生活中，您让我耳濡目染地学会了待人与接物，您教会了我欲成才先成人；您不仅授我以"鱼"，更是授我以"渔"，让我以更充实的力量去成长，去完成学业。一路陪伴，感谢有您，高山仰止，吾师之恩。

感谢硕士导师李德玉教授和王素格教授。两位教授在学习和生活上为我提供了大力支持与帮助。

感谢我的工作单位太原科技大学计算机科学与技术学院的各位领导和老师在我学习、工作和生活方面给予的关照。感谢学院浓厚的学术氛围和严谨的研究风气。

感谢我的家人！感谢我的岳父岳母，帮忙养育我的幼女，让我能够全力以赴投入到学业中！感谢我的父母，无论何时总是无私地支持我；谁言寸草心，报得三春晖。

特别感谢我的妻子，多年来，厅堂是她，厨房亦是她，不仅照顾家庭和孩子，还时常陪伴我读书到深夜；感谢我的宝贝女儿，她的古灵精怪给我带来了无穷快乐！

本书受太原科技大学计算机科学与技术学院大数据分析与并行计算山西省重点实验室开放课题（编号：BDPC-23-004）、国家自然科学基金青年项目（编号：62306205）、山西省基础研究计划（自由探索类）青年项目（编号：202203021222189）、山西省重点实验室开放课题基金项目（编号：CICIP2023004）及太原科技大学博士科研启动基金项目（编号：20222108）资助，在此一并表示感谢。

值此成文之际，还有太多的人需要感谢，谨以此书献给所有关怀、帮助、支持、鼓励我的亲人、师长、学友和朋友们！

感谢正在阅读此书的你。